21 世纪中国城市主义

Chinese Urbanism in the 21st Century

Edited by

Li Lin & Xue Qiuli

主编

李　磷　薛求理

中国建筑工业出版社

图书在版编目（CIP）数据

21世纪中国城市主义／李磷，薛求理主编 . —北京：中国建筑工业出版社，2016.10
ISBN 978-7-112-19995-2

Ⅰ.①21… Ⅱ.①李…②薛… Ⅲ.①城市规划—研究—中国—21世纪 Ⅳ.①TU984.2

中国版本图书馆CIP数据核字（2016）第247637号

责任编辑：滕云飞
责任校对：王宇枢　焦　乐

21世纪中国城市主义
主编　李　磷　薛求理
　　　＊
中国建筑工业出版社出版、发行（北京海淀三里河路9号）
各地新华书店、建筑书店经销
北京京点图文设计有限公司制版
北京中科印刷有限公司印刷
　　　＊
开本：787×1092毫米　1/16　印张：13　字数：271千字
2017年7月第一版　2017年7月第一次印刷
定价：98.00元
ISBN 978-7-112-19995-2
　　（29443）

摘要
Abstract

Similar to what had occurred in the western countries during the course of industrialization and modernization in the mid-19th Century, China today is undergoing a striking social change along with the impressive magnitude of economic growth and the overwhelming storm of urbanization.

As the fast-paced urbanization has substantially modified China's built environment in which architecture shall be the first subject to be examined. Adopting typological study as a methodology, this book is a research on Chinese contemporary urban architecture and urban design, with a focus on building projects that completed since 2001.

All building types — skyscraper, grand theater, shopping mall, commercial housing, art zone, "urban village" and university town - that discussed here are representations of the current dynamics in Chinese cities. They were either freshly introduced into China by the end of the 20th century or auto-generated under China's own circumstances. These new types of buildings quickly diffused into all major cities in the new millennium. Some of them are the most popular development in the market and simply phenomenal or somehow controversial in terms of scale, volume and cost of construction. Some may create new prototypes or new life styles for China and even for the world. In addition to outlining a general feature of urban development in the past 15 years, the authors also provide close-up observations and in-depth analyses, criticisms and reflections on Chinese architecture and urbanism in the context of globalization and commercialization.

Through reading China's unique urbanism, readers can get a glimpse of China's immense urban construction in the 21st century, with which no other country in the history could be compared. It is a must-read for anyone who wants to understand the contemporary China.

今天，中国正发生一场与 19 世纪西方国家在工业化和现代化进程中经历过相似的社会巨变，其中经济增长的总量和城镇化磅礴的浪潮最为引人注目。

随着城镇化的快速步伐，中国的城乡环境已被彻底改造，建筑活动因此是必然的首要审视对象。本书以类型学为方法论，主要聚焦在 2001 年后竣工的建设项目，重点研究中国当代都市建筑和都市设计。

书中论及的摩天大厦、大剧院、购物中心、商品房、艺术村、城中村、大学城等建筑类型，代表了当前中国城市的活力。这些新鲜的建筑类型，不管是 20 世纪末从国外引进的，还是中国本土原生的，都在 21 世纪之初就迅速扩散至所有的大城市。它们之中，有的是市场上最流行的发展形势；有的在规模、数量和造价方面是轰动一时或引起争议的；有的不仅为中国，而且为世界创造了一种新模型或新型的生活方式。在描画过去 15 年城市发展轮廓的基础上，本书各章作者还对中国建筑和城市主义作出了细微的观察、深入的分析，并联系全球化、商业化等问题进行批评和反思。

读者可透过管窥 21 世纪在中国大地上发生的这种世界上史无前例的、极其庞大的城市建设现象，领略中国特色的城市主义。要了解当代中国，这是一本必读的著作。

Contents

Li Lin

From horizontal expansion to vertical development, the image of Chinese cities has been changed drastically in the last 15 years. As high-rise office buildings are rapidly and increasingly under construction, the Central Business District (CBD) becomes a new city skyline that dominates in every city. For example, in 1990 the number of buildings over 200 meters in height was only 5, but in 2012 it had ascended to 249. Today the highest skyscraper in China is the 632-meter Shanghai Tower. This chapter reviews the transformation of city skylines in some major cities such as Shanghai, Beijing, Guangzhou and Shenzhen, and discusses the so-called "Manhattan Obsession" which actually reflects the limited vision of "International City" conceived by local city planners, and the speculation heated up by real estate developers. The author argued that such transformation was an indication of social and cultural changes in which Chinese people began to accept, recognize and pursue wealth and capital.

Li Lin

Community center is the heart of a city. Recently provisions of new civic cores close to or bigger than Beijing's Tiananmen Square in size have been Eye-opening large-scale constructions that spread into many new urban zones around the country. With reference to the orthodox axial organization and symmetrical composition, they are usually planned and programmed with huge public parks, plazas, art and cultural facilities, shopping malls and CBD office towers. In those centers, natural element such as green landscape becomes a major design consideration for public amusement, in which it redefines the concept of public space in China. Although most of the new cores lack of self-identity especially in the context of local characteristics and history, they are regarded as signals to understand how Chinese cities have transcended political stereotype and made a move from the "people's " to the "civic".

Chapter 03   The Jewel in the Crown: The Heat of Grand Theaters

Xue Qiuli, Xiao Yingbo

In China, for a long time the design of theaters mostly has been no difference from a normal auditorium. By entering the new millennium, many cities began to launch megaprojects of cultural center in order to create a dynamic cityscape and to manifest self-identity. Those new cultural centers are usually planned according to the so-called "4-pieces-anchorage" pattern: the integration of a Grand Theatre, a Library, a Museum, and a Gallery or a Children's Palace.

Funded by trillions of dollars, the spectacular Grand Theatre—the jewel in the crown-is widely considered as a symbol of high culture by the mass media. This chapter attempts to analyze the architectural characteristics of these Grand Theatres – their design languages and their design solutions in relationship to the urban context. Three Grand Theatres in China's second-tier cities-Zhengzhou, Taiyuan and Chongqing- are being studied. Since 1998 more than 160 "Grand Theatres" have been constructed together with other cultural facilities. The authors found that the objective to build a Grand Theatre was to upgrade and showcase the city rather than to promote performing arts. Such phenomenon certainly is an epitome of the Chinese "great-leap-forward" in urban development.

Part II: New Urban Lifestyle

Chapter 04   The Utopia of Consumption: Shopping Malls

Zang Peng

It was not until 1996 China just opened its first shopping mall –TEEMALL-in Guangzhou, but from 2013 to 2015 there were 300 new shopping malls opening each year. Shopping malls are especially favored by real estate developers, being able to provide a full range of shopping and recreational services under one roof, and today the total number of malls has accumulated to 4,000 nationwide. This chapter analyzes 3 cases of shopping mall design- Taikoo Hui Guangzhou, Raffles City Chengdu and Global Center Chengdu- one values "green" environment, one goes to "superstar" architect for projecting a flagship retail icon, one bets on "big box". According to the author, the success of a shopping mall is often reflected in the careful treatment of architectural space outside the shops, turning social values into profits. If shopping mall is a paradise of consumption, then the question of how to create spaces that being able to attract consumers is ultimately about the ontology of architecture- a search of the sense of place.

Chapter 05 The Sense of Community: New Housing Estates

Liu Xin

The transformation of China's economy and the ensuring privatization of housing stock have led to a dramatic reconstruction over the last 30 years, which has resulted in a substantial reconfiguration of spatial structures and communities. One outcome of the development is the emergence of various types of new communities in China. In this background, the study first explores the conceptual difference between new communities and dwelling districts, and then adopts a most appropriate definition of new communities to conduct a further research. Based on the conceptual analysis, three critical factors are then examined and identified to help gain a better understanding of new communities, which are open, continuity and composite. In order to test how three factors manifested in real-life projects,

a case study of three new residential communities is following up. From the case study we can see, large-scale communities are usually accompanied with a lack of public facilities and services, for example Jianshazhou Affordable Housing Community in Guangzhou. However, most of the times, the emergence of new communities has been playing an important role in reconfiguring urban spaces and also changing urban lifestyle in China, for example Beijing Jianwai Soho and Shanghai Green City International.

Part III: The Creativity of Heritage Revitalization & Urban Renewal

Chapter 06 Awakening Space & Activating History: Embodied Experience in Guangzhou's Two Museums of the Nanyue Kingdom Ruins

Ding Guanghui, Jia Min

The relationship between architecture and its circumstance has long been an intriguing issue that attracts a considerable number of interpretations. This chapter is an examination of the role of the body in experiencing the interplay between buildings and their settings from the point of view of architectural phenomenology. To interpret this topic, we investigated the Museum of the Nanyue King's Mausoleum and the Museum of the Nanyue Kingdom Palace, inasmuch as the two archaeological projects built in the city of Guangzhou demonstrated a joint effort to articulate the sites and to give them new meanings. These implications that architects endeavored to convey manifested in the way in which the two architectural interventions revealed the world that would have remained latent had they not been discovered. It argues that the two museums created a peculiar space that awakened both the dormant sites and the cultural consciousness of visitors. Within this space, the embodied experience played an intermediary role in linking the gap between the physical circumstances and the individuals' mind.

Chapter 07   Beyond the Romantic Gaze: Art Village, Urban Regeneration and Architectural Ecology after the First Decade of Creative Industry

Xiao Jing

This chapter tends to examine the changing relationship between the art industry and architectural design since 1999. Drawing theoretical basis from creative industry, it suggests that new architectural ecology which takes forms of biennial, exhibition, art village renovation and swarm design should not simply be understood as product of cultural consumption but of interdisciplinary grafting. Architecture of urban redevelopment and conversion confronts with superficial needs of mass consumption and commercialization which deliver untruthful scenes and aultural semantic interpretation. The construction of art villages and cultural parks since the beginning of the new millennium vandalizes the authentic identity of the sites, and instead, camouflages it with a "romantic gaze" through spectacular experience and visual expression. During the new round of creative industry, the emergency between the discourse rights of architects and artists elaborates therefore new urban challenges. It imposes questions on how to resist the elite orthodox and aesthetic standards for contemporary architectural education, as well as how to act against the negative aspects of capitalist globalization by retaining the discourse of architecture from its internal sphere of design product.

Part IV: The Urban-Rural Dynamics

Chapter 08   The Evolving Enclave: Urban
                        Villages

Zheng Jing

The term "urban village" is used to denote
a special phenomenon during the process
of urbanization in China. When the city
grows rapidly without careful planning, a
direct consequence is that some villages
in the countryside or in the suburb area
were included into the urban territory.
According to the constitution, the property
right of urban lands belongs to the state,
but settlement lands in the countryside
are owned by village farmers collectively.
So by definition, an urban village means
a particular zone which still owned by
former villagers who have the right to
build houses on their own lands and not
necessary to obtain permissions from
the city planning authority. This is an
outstanding urban issue that never seen
in history neither in other countries of the
world. The architectural feature of urban
village is ultra-dense while buildings are
cheap and low quality. Residents are
mostly migrant workers as tenants. The
lacking of proper governance makes urban

villages tend to become urban slums
which every city would commit to avoid.
This chapter investigates 3 cases in south
China and discusses different alternatives
for those fragmentations of urban-rural
superimposition.

Chapter 09   The Emerging Exclave: University
                        Towns

Chan Kai Tsun

University town development is considered
one of the significant highlights in modern
China's urban planning. This specific type
of development rises from the national
strategies for post-reform China moving the
economic structure from industry-based to
knowledge-based with the fuel of higher
education and the carrier of universities.
The origination of modern university towns
can be traced back to post WWII in western
countries where abundant social resources
was put into the construction of high-tech
development zones, so as to promote the
collaborations between universities and
industry for accommodating the needs of
social advance. The university towns in the
context of China are generally classified into
five different models, namely (1) research
and development, (2) corporate investment,

(3) local development, (4) integration of education resources, (5) new town development. Among the 87 university towns established in China by 2014, a number of cases have been selected to showcase each of the models. Discussions are given on design and planning of the university towns, and their relations with and contributions to the cities in terms of higher education development, urban space development and economic development.

Part V: Reflections on Urban Development

Chapter 10   Postmodern Icons: Olympic Game Stadiums and World EXPO Pavilions

Li Lin

Contemporary cities are more and more relying on activities of international exchange because nowadays globalization is seemingly inevitable. Distinguished events of world class assemblage could provide the host city a remarkable opportunity to showcase its power and image, to test and experiment new planning ideas and new architectural concepts, and to improve the city's infrastructure and environment at the same time. Four big parties- the 2008 Beijing Olympic Game, the 2010 Shanghai World

EXPO, the 2010 Guangzhou Asian Game and the 2011 Shenzhen Summer Universiade-brought the above cities Post-modern icons such as the "Bird Nest", the "Water Cube", the "Oriental Crown", the "Solar Valley", the "Windsails" and the "Spring Cocoon", with avant-garde designs and unusual forms. Those special and highly symbolic structures are tailor-made for rare events, for some critics they might merely stand as fancy urban sculpture or ornamentation, for the general public the major concern is how to efficiently and fairly manage those government funded projects afterward, because most of them are converted into commercial uses and the issue of under provision of public functions and programs is always sensitive.

Chapter 11   The Experimentation of Low-carbon Cities

Kevin Yap

According to the author, from the early Economic Development Zone of labor-intensive industry, to the later Hi-Tech Development Zone, and the recent IT Development Zone, the Chinese government now is promoting eco-industrial parks and environmental friendly developments to save energy, share resources, reduce pollution and recycle waste. Some scholars in the 1990s had proposed the concept of "landscaped" city for the overpopulated metropolis back to nature. Although theories of green architecture, green city, sustainable city, intelligent city, low-carbon city and coherent city have been talked widely at various levels of decision making, the implementation of full-scale measurement of eco-city model still remains on paper. The incorrect perception of green design as a contradiction to economic interests insisted by many investors and developers is a key problem in pursuing low-carbon city. The author suggests that a system of interrelated policies, regulations, standards and incentives should be worked out and adopted by the local government.

Chapter 12   Gated Communities: Cancer of Urban Life—Problems and Solutions

Miao Pu

Since the 1978 economic reform, more and more residential areas in Chinese cities have walled themselves away from their surroundings to improve security. What do these gated communities look like as compared to their US counterparts? What impact does this new development have, especially on urban life in high-density Chinese cities? How do cities in a developing, socialist country pick up so quickly a capitalist real estate pattern started in the US just a few decades ago? This chapter presents a preliminary investigation of these issues and proposes alternative design solutions to address the problems.

前言

李磷、薛求理

研究中国，就像一门前沿学科，特别需要与其他国家作对比，以及甄选一些能够同时适用于中国的城市和其他地方的城市的理论概念。这是一个一切都在变的国家，一名游客，如果离开一年之后再回去，他会对眼前的转变感到意外。中国是史无前例的，她从一个第三世界国家如此快速跃进至世界强国的前列，同时从中央计划过渡到市场社会。[1]

——约翰·洛根

1978 年开启的改革开放政策，使闭关的中国走上经济发展的快速道路。中国的城市建设热潮，不仅吸引了外资和外国设计师的加入，也引起海内外学术界的广泛持续关注[2]。编写当代中国城市建筑，首先面对的问题是从何时谈起？我们经过研究后发现，中国城市大变身与中国实施城镇化政策、加入世界贸易组织和持续创造出经济"奇迹"息息相关，其中以加入世界贸易组织（以下简称"入世"）的影响最为明显。根据有关资料，中国政府经过长达十五年的

谈判，最终于 2001 年成功入世，从此国家上了一个新平台，全面深化对外开放政策，大力推行市场经济，主动融入国际社会。入世以来，经济增长率保持在年均 7% 左右，在 2013 年，中国的国内生产总值（GDP）达到 9 万亿美元，成为全球第二大经济体。入世给中国带来了翻天覆地的变化，日益畅顺的国际交流，不仅仅影响经济领域，在社会的其他层面都出现了不同程度的改变。其次是国务院于 2000 年 6 月颁布了《关于促进小城镇健康发展的若干意见》，指出"加快城镇化进程的时机和条件已经成熟"；同时，国家第十个五年计划（2001-2005）和第十一个五年计划（2006-2010）都把推进城镇化列为国家战略，2001 至 2010 年这 10 年，中国城镇化平均提高幅度是 1.37%，相对 1981 至 2000 那 20 年 0.84% 的平均率，大幅增长了 61%（魏后凯，2014）。因此我们决定在书中主要研究 2001 年以后的建筑和城市设计案例，并将书名称作《21 世纪中国城市主义》。

第二个问题是何为城市主义？"城市主义"是英文 urbanism 的直译，它不是一个很贴切的译名，但我们暂时又找不到更好的词。根据外国学者的讨论，每一个城市，每一个时代，每一个运动（movement），甚至每一个建筑师或规划师，都有各自的城市主义，例如有"纽约城市主义"、"现代与后现代城市主义"、"新城市主义"、"绿色城市主义"、"基建的城市主义"、"勒·柯布西耶的城市主义"等。因此，城市主义有两方面的含义，一是指关于城市客观特征的系统研究，而城市特征又包括了城市建筑环境特征和城市空间特征以及城市生活特征（或生活方式）；二是指某运动或某人的主观的城市规划思想，即某运动或某人对"应

---

[1] John R. Logan, *The new Chinese city*, Blackwell, 2002, p.21.

[2] 关于中国 1980 年后建筑的发展，有几本英文著作受到学界广泛注意，如 Peter G. Rowe and Seng Kuan, *Architectural encounters with essence and form in modern China*, Cambridge, MA: MIT Press, 2002; Charlie Q.L.Xue, *Building a revolution: Chinese architecture since 1980*, Hong Kong: Hong Kong University Press, 2006; and Jianfei Zhu, *Architecture of modern China*, London and New York: Routledge, 2009. 我国内地的出版物则包括邹德侬著《中国现代建筑史》，天津科技出版社，2001; 薛求理著，水润宇、喻蓉霞译《建造革命: 1980 年来的中国建筑》，清华大学出版社，2009; 朱剑飞主编: 《中国建筑 60 年（1949-2009）——历史理论研究》，中国建筑工业出版社，2009。

该建设怎样的城市？"这个问题的看法和见解。本书的"城市主义"，是指第一种含义，我们希望能为当代中国的城市建设整理出一些基本特征。但这些特征是什么？用什么方法才能有效地归纳出这些特征？因此便有了以下的问题。

第三个问题是研究方法，该如何入手？回首当代中国的城市发展情况，事实表明，很难说得上是在试验、实践某种类似 CIAM《雅典宪章》那样清晰的城镇规划理想，因为最初各地搞建设大多尚停留在"改善投资环境"的"摸着石头过河"阶段，还未达到考虑应该推行哪种城市模式的高度，所以不宜从理论、见解、理念的层面入手。如果按时间先后顺序作编年史式的纵向研究，相对建设周期较长的城市而言，过去 15 年又似乎显得有点短促，难以沉淀和区分出岁月的年轮。若对各地城市发展进行横向比较，由于"千城一面、万楼一貌"，缺少个性，又无法进行有效的论述。后来，我们经过细心观察和分析，发现各地城市发展普遍存在一个值得深思的现象，那就是自 2001 年开始，一些新型的建筑同时出现在各大城市，这些新建筑类型的兴建不仅速度快，而且数量大，这无疑是区别于 20 世纪城市建设的一个重要信号，于是我们决定以类型学（typological study）作为本书的研究方法。因为 21 世纪又称新世纪，我们便以一个"新"字作为挑选建筑类型的标准。所谓"新都市建筑类型"的定义，是指那些在 20 世纪 90 年代尚属少数、少见、曾零星出现的或甚至从未出现过，但在 21 世纪开始大行其道、浩浩荡荡、随处可见或日益受到重视的建筑类型。我们认为这些新型建筑，就是 21 世纪中国都市建设的客观现象和潮流，也是 21 世

纪中国都市的象征和时代标志，然而这些现象和这股潮流是否合理，大家应该冷静地去思考。

第四个问题是 21 世纪才过了 15 年，还不到 1/6 的时间，现在是否有必要开始讨论？这就必须要明白中国城镇化是人类历史上一个非常特殊的现象。中国的城镇化速度快、规模大，"改革开放以来城镇化率平均每年提高 1.02 个百分点，每年新增城镇人口 1596 万人，这种速度和规模在世界上都是罕见的。到 2013 年，中国城镇化率达到 53.7%……世界城镇化率由 30% 提高到 50% 平均用了 50 多年，而中国仅用了 15 年"（魏后凯等，2014）。根据联合国教科文组织发表的《2014 年世界都市化展望报告》[1]，2014 年中国已有 6 个人口超过 1000 万的特大都市，并有 10 个人口介乎 500 万至 1000 万之间的大都市。在西方多数城市面临市中心破败、经济和人口收缩的窘况时 [2]，中国的城镇却在大踏步成长。中国当代迅猛的城镇化步伐，导致规模空前的都市建设活动，面对这种情况连国外媒体也不禁在报道中发出惊叹："到 2025 年中国将建成的摩天大厦足以填满 10 个大小等于纽约的城市或 2 个瑞士"、"2010 年中国成为世界上最大的建筑市场"、"中国的珠江三角洲超过东京成为全球第一大超级都市区"、"中国连续 3 年每 5 天落成一座新摩天大厦"、"中国主宰了高层建筑发展"、"中国一年有 100 间新的博物馆开幕"、"2013 年中国主宰了新发展的购物中心，全球 10 个最多新购物中

---

[1] UNESCO WUP（World Urbanization Prospects 2014 Revision）.

[2] 参见 Philipp Oswalt 编著，胡恒、史永高、诸葛净译《收缩的城市》，同济大学出版社，2012。

心开业的城市,有 9 个在中国","2013-2015 年间中国每年有 300 间新购物中心开张",15 年间,中国各地造了 160 个大剧院,这些大剧院多又包括音乐厅、歌剧院、话剧场,而最形象的比喻莫过于"中国是世界上最大的建筑工地"。由此可见,过去 15 年我们"大跃进"式的城市建设速度太快、规模太大,虽然表面上城市面貌"日新月异",但实际上普遍存在着规划不当、管理不善、盲目模仿、缺乏创新的失误。针对我国当代城市建设和建筑设计的不足之处,经济学者魏后凯就提出了以下尖锐的批评:

在推进城镇化的过程中,受财力有限、对地方特色和文化认识不足以及急于求成、急功近利等思想的影响,各地城镇建设"千篇一律",缺乏特色和个性,城镇质量和品位不高。一方面,许多城市大拆大建,对当地特色文化、文物、标志性建筑和特色村镇保护不力。在城镇改造中,片面追求速度和新潮,忽视传统文化的传承创新,拆除了不少具有文化底蕴,历史故事的"老建筑"、老街区;在新农村规划中,往往模仿城市的功能进行建设,造成具有地方特色的古祠堂、古建筑、古园林、古村落遭到不同程度的破坏,甚至消失殆尽。另一方面,建筑、小区设计崇洋媚外,对民族、本土文化不自信,造成新城建设"千城一面","万楼一貌"。当前,由于存在浮躁情绪,加上对现代化、国际化的误解,一些城市急于求成,盲目崇拜模仿外来建筑文化,片面追求"新、奇、特"的建筑表现形式,导致一些建筑存在雷同现象,"千面一孔"、缺乏特色。此外,各地在推进城镇化过程中,片面追求经济目标,贪

大求全,大搞形象工程,盲目扩大建设用地规模,规划调控乏力,城镇管理严重滞后。[1]

我们认为,以上意见颇中肯,很值得从事规划和建筑工作的专业人士、政府有关部门和开发商认真对待,并作出深刻反思。当然,令城市建设不慎步入误区的原因,是早前地方当局往往机械地、片面地以"吸引(外国)投资、拉动经济、打造国际化城市"作为发展口号,忽略了城市建筑、城市空间以及城市肌理中应有的历史、文化、社区、传统、自然和生态等组织元素,导致很多城市环境过分向商业市场倾斜,失去平衡。所以,目前极有必要对过去 15 年我国的城市和建筑设计进行回顾、分析和梳理,以便展开讨论,探索中国在 21 世纪应该建设什么样的新型城市?

本书虽带着批判的目光审视现状,但并不意味我们否定今天中国城市建筑所取得的成就。相反,我们非常认同和肯定中国城市在 21 世纪初的战略"转型"。1980 年我国的城镇人口率是 19.4%,1996 年尚是 30.48%,2013 年上升至 53.7%(魏后凯等,2014)。这些数字说明,中国的城镇人口已经超过了农村人口。五千年来,中国是一个传统的农业社会,但进入 21 世纪,中国快速转变为城市社会。2014 年,农林牧渔业只占国内生产总值的 9.5%[2]。这种巨变所带来的影响,无远弗届,而在环境方面的反映,城市建筑无疑是最直接的研究对象。本书围绕一个"新"字,透过

[1] 魏后凯等著《中国城镇化:和谐与繁荣之路》北京,社会科学文献出版社,2014,页 41-42。

[2] 国家统计局关于 2014 年国内生产总值(GDP)初步核实的公告。

分析一些城市建筑新典（类）型，试图突出新世纪中国都市建设的最新情况、趋势和热潮，以及思考处于全球化、城镇化、市场化旗帜下的中国当代建筑发展。

历史上的伟大城市，都是由经济活动发达和生活富裕带动，如13世纪的威尼斯、17世纪的阿姆斯特丹、19世纪的巴黎和伦敦及20世纪的纽约。2010年后，内地城市北京、上海的国民生产总值超越了曾经的"亚洲四小龙"香港，而广州和深圳预计将在2016年超过香港[1]。坚实的经济基础和市民生活的提升，呼唤着新的生活方式和新建筑类型的涌现，这样的翻天覆地变化和显著文明进步，曾经在20世纪初的中国沿海城市、通商口岸出现过。在21世纪，中国的都市再次发生巨大的变化，与20世纪相比，可以说已经初步形成了新型的都市。首先，高层或超高层建筑被广泛应用，各地都在建设垂直城市，CBD的摩天商厦成为城市的新标志，城市不再比谁更大，而是比谁更高。其次，公共意识和市民自豪感大幅提升，市民广场、市民中心、市民公园之类的公共空间营造日益普及。另外，打造高端文化艺术场馆的热潮方兴未艾，博物馆、大剧院、图书馆、少年宫等被视为城市的基本设施，连同广场中的水池和喷泉，被舆论批评为"四菜一汤"泛滥。当"打造"城市形象和建设文化硬件（公共建筑）和"经营城市"（拍卖土地）成为各级领导的业绩时，同级、同地区的城市之间产生激烈竞争。为了把本地区、本项目迅速放上地区、全国乃至世界的版图，一项捷径措施是竞相聘请海外

明星建筑师，使苍茫中华大地，出现许多怪诞、昂贵、不实用的所谓"地标建筑"。在图像泛滥的网络时代，这些类似雕塑的"建筑"也许暂时满足了图像传播的虚荣标志心理，其代价却是数倍于常规建筑的造价（纳税人的金钱）和使用上的别扭[2]。

在日常生活方面，除了面积被拆得愈来愈小的老城区，房地产商开发的住宅小区已成为大部分市民的家，这种私有的社区，与过去计划经济年代公有的单位宿舍和机关大院，显然不一样。随着街边店铺、菜市场和百货大楼等传统商业经营的式微以及消费时代的降临，现在市民似乎更习惯去大型商场（shopping mall）享受购物的乐趣。虽然部分传统街区仍有保留的必要，但可以抵御恶劣天气的大型商场对大部分市民来说，确实有不可抗拒的魅力。

都市更新方面，是否一定要拆除旧屋重建？可以活化某些有特色的废旧建筑物吗？对空置的工业厂房和仓库进行修复、二次创作和再利用，打造成艺术村或创意文化产业区，是一些大城市的后现代主义实验，而聚集在那里的，是中国历史上首次诞生的先锋派艺术家和精英设计师群落，他们的创作理想正面临着商业市场的严峻挑战。至及古迹维护方面，相比过去只注重文物本身保存和展示的单纯思维，现在有城市尝试将遗产转化为公共空间，结合集体记忆和都市旅游（urban tourism）的概念，通过参观交叉重叠在一起的考古遗址和复原环境，把展示设计为体验活动，以唤醒市民的历史意识。许多以往令人望而生畏的工业

---

[1] 关于内地城市国民生产总值的报道，见香港《大公报》，2016年1月12日，A5。

[2] 参见薛求理《世界建筑在中国》，香港三联书店，上海东方出版中心，2010。

厂区,成了时髦生活的热点。另外,打破常规的城镇化,令原有的城乡概念发生剧烈变化,出现了"城中村"这种新的都市现象。被并入市区的农村,仍然保留着原来的社区格局和房屋,性质属于"市内边缘"(inner-periphery)或城市"飞地"(enclave),如何避免城中村沦为贫民区,是拆,是留,还是改?这个问题考验着城市决策者的智慧。如果城中村是负面的,那在科教兴市口号下诞生的一系列"大学城",则恰恰相反,是正面的。大学城的选址一般在郊区,但它的规划和设计与微型城市无异,性质是"卫星城"或市郊"领地"(exclave)。目前在全国范围内,大学城已有87个之多,我们期待它们之中能有一、二突围而出,最终成长为中国的康桥(Cambridge,哈佛大学和麻省理工学院的所在城市)或中国的硅谷(Silicon Valley,斯坦福大学和高新科技创业摇篮的所在地)。

美国学者约翰·洛根(John Logan)认为中国城市面临三大挑战:全球化、外来人口、市场改革。他把全球化列为第一个挑战,是合理的。洛根指出:"正如西方的市场社会,中国的城市发展,有赖这个国家的全球联系"[1]。的确,没有什么比2008年北京奥运会和2010年上海世博会,更能说明盛大的国际交流活动给城市发展所带来的机遇和好处。奥运会为北京带来了"鸟巢"和"水立方",世博会为上海带来了"东方之冠"和"阳光谷",亚运会为广州带来了"小蛮腰"和"花城广场",世大运会为深圳带来了"春茧"。这些轰动一时的建筑物只是主办城市多种收获的其中之一,综观奥运会、世博会等场馆的

规划和设计,最有意义的试验,是探索绿色、环保、低碳、节能等生态建筑新技术的应用。当前环境危机已经迫在眉睫,地球生态受到严重的破坏,发展低碳环保城市,是人类唯一的选择。未来的城市,将是生态城市;未来的建筑,将是生态建筑。还有,私人开发的围墙封闭式小区,也应该尽可能地贡献于积极的、互动的市民生活。我们应该有这样的远见。

以上是本书各章作者对21世纪中国城市建设挂一漏万的速写,虽然仅仅勾勒出城镇化洪流中都市建筑设计的粗略轮廓,但我们希望立此存照、抛砖引玉,借此引起读者对当代中国城市发展的关心和讨论。在本书主题调查和写作的过程中,中国社会的消费模式正在出现向网购和电商转变的巨大浪潮。北京、上海等地传统的店铺、商业街日益衰落,阿里巴巴在双十一的营业额,连年以双位数的百分比增长。2016年11月11日,阿里巴巴的网上销售额达到人民币1207亿元(相当于150亿美元),而85%的购买是在手机上进行。[2]网购、网上通讯或娱乐的方便和兴盛,或将对本书叙述的新建筑类型和生活,产生反向作用。我们拭目以待。

我们在动笔写作前,为了更准确地掌握最新情况,曾经对个别城市进行实地调查,考察活动得到香港城市大学IPDAs教研奖的资助(项目编号6988015)和香港特别行政区研究资助局项目(CityU 11605115)的支持。特此鸣谢。最后,请允许我们借用2010年上海世博会的主题,作为本文的结语和本书的憧憬:城市,让生活更美好。

[1] John R. Logan, *The new Chinese city*, p.9.

[2] 数据源自香港《大公报》,2016年11月12日,A9版。

目录

第一部分

都市新形象

- · 摩天大厦
- · 城市广场
- · 大剧院

第 01 章

欲与天公试比高：摩天大厦、CBD 与城市天际线

李 磷

[图 1.0] 南京绿地广场紫峰大厦（作者摄）

随着全球人口增长，城市变得更拥挤，市中心的肌理也在发生变化。这种现象没有其他地方比中国更为明显，由国家主导的都市化政策已刺激起一个以兴建摩天大厦和扩张市区为特色的超大都市浪潮。至 2015 年底，全球 1/3 的 150m 以上的高楼将落户在中国。高 632m 的上海中心大厦是目前世界第二高的建筑物，将于 2015 年竣工。中国以外的人很少听过苏州这个位于江苏省东部的城市，但如果计划顺利进行，苏州将建成 700m 高的中南中心。其他城市例如深圳、武汉、天津和沈阳，也加入到这股向上的急流中。至 2020 年，估计中国将有 6 幢建筑物排入全球十大高楼的行列，虽然仍未能超过 828m 高的迪拜塔。[1]

——尼可拉·戴维逊

如果问中国城市在过去十多年最根本的转变是什么？那答案肯定是城市天际线。各地的都会级城市，正以空前的速度，在扩张市区面积的同时，向高空发展，摩天大楼如雨后春笋，不断涌现。为什么说这是根本的转变？因为我们的城市在本质上，正由平面城市朝着竖直城市发展。打个比方，20 世纪的城市像一个大饼，新世纪的城市更像一个插满了蜡烛的生日蛋糕。

勒·柯布西耶（Le Corbusier）曾经画过一张很有意思的城市天际线速写，提出他对未来城市的憧憬。在图中，1900 年以前的城市天际线，几乎

贴近地平线，是一片低矮的房屋，教堂的尖塔成为城市的唯一地标；1935 年的城市，出现了高耸的塔式摩天大厦与低矮的老房子并存的情况，城市天际线很不规则，高低起伏，参差错落；明日之城又是另一番景象，她代表了柯布西耶心目中理想的新城市，地面完全是绿化，天空是平顶的巨型板式高层建筑。

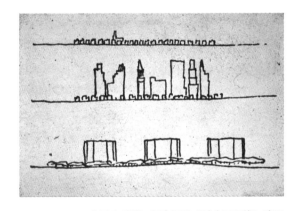

[图 1.1] 勒·柯布西耶《城市天际线》速写

我们不知道柯布画这张图时，有没有把中国的城市发展也包括在内。但回顾过去一个多世纪以来我国城市天际线的演变，情况不乏相似之处。众所周知，中国传统的建筑是平房，所以城墙和门楼构成了传统城市的天际线，地标离不开佛塔和钟鼓楼之类的宗教和官府建筑。近代建筑受到西方影响，始出现楼房，但大部分也不过 3、4 层高。直至 20 世纪 80、90 年代，城市建筑一般都不太高，很多住宅控制在 7 层，因为 7 层以上的要配置电梯；民用建筑一般不超过 24m，因为若在 24m 以上，属于高层建筑，其结构设计必须符合高层建筑的抗震要求，

[1] Nicola Davison, *China's Obsession with Vertical Cities*. Guardian, 8 December 2014.

建筑设计必须符合高层建筑的消防要求。高层建筑的抗震设计和消防设计，例如框架结构和两道消防楼梯，造价不菲，安装电梯亦不便宜，当时国家推行改革开放的政策不久，经济尚未起飞，社会尚未富足，故高层建筑在城市中仅占少数。高层建筑和超高层建筑（100m 以上）真正大行其道，是 2000 年以后的事了。以上海浦东新区为例，2000 年政府批出的地块按用地性质统计，用于多层住宅的共 57 宗，而用于高层住宅的才 5 宗[1]。再看 2013 年的武汉，根据政府发布的资料，中心城区范围内 14 层或以上的高层建筑数量达 6437 幢（2010 年为 2564 幢），其中 31 层或以上的高楼 1875 幢（2012 年为 983 幢），增长率惊人[2]。伦敦的 Dezeen 建筑设计杂志在《中国将主宰高楼开发》一文中引用研究数据指出，中国高楼的建设量是空前的，1990 年中国高度超过 200m 的高楼仅有 5 幢，但至 2012 年底，却大幅增至 249 幢[3]。

天际线可以为一座城市刻画出清晰的形象。凯文·林奇（Kevin Lynch）在《城市意象》一书中指出，"曼哈顿天际线的形象，可能暗示着活力、权力、颓废、神秘、拥挤或伟大，无论她令你联想到什么，但就每一种象征而言，她那鲜明的图像必然进一步

具体化和强化这种含义"[4]。芝加哥与纽约曼哈顿可谓不分伯仲，她那位于密歇根湖边包括 CBD 在内的市中心，被称作"环圈"（The Loop），摩天大厦林立。这两座美国城市的天际线，是现代摩天大厦都会的典型代表。亚洲的香港、东京新宿区、新加坡的 CBD 也是摩天大厦云集的城市。

[图 1.2] 纽约曼哈顿天际线

[图 1.3] 芝加哥天际线

[图 1.4] 香港天际线

[1]　参见上海市浦东新区人民政府网页《浦东年鉴 2001 年》。

[2]　参见武汉市国土资源和规划局、测绘研究院发布之 2014 年《武汉地理信息蓝皮书》。

[3]　DeZeen Magazine, *China to Dominate Tall Building Development*. London, 2012.

[4]　Kevin Lynch, *The Image of the City*. MIT Press, 1960.

虽然古代世界各地都曾有过高大的建筑物，但大规模的摩天大厦建设，于 19 世纪末出现在美国的芝加哥和纽约市，这得益于美国人奥的斯（Elisha Otis）在 1852 年发明了民用安全电梯和钢铁框架在建筑结构上的应用，英国利物浦建筑师埃利斯（Peter Ellis）1864 年在当地所设计的 5 层高欧利奥办公楼（Oriel Chambers），是世界上最早的一幢钢架与玻璃幕墙相结合的办公楼。1885 年，世界上第一座摩天大厦，10 层高的芝加哥霍姆保险大厦（Home Insurance Building）由建筑师威廉·詹尼（William Jenney）主持设计。1895 年纽约落成了当时世界最高的大厦美利坚保证大厦（American Surety Building）。此后，纽约和芝加哥展开了世界第一高楼的竞赛。纽约先后落成了克莱斯勒大厦（1930）、帝国大厦（1931）、世界贸易中心（1972）；而芝加哥于 1974 年竣工的西尔斯大厦（Sears Tower），保持了 24 年的冠军衔头。这些摩天大厦，理所当然成为了纽约和芝加哥的著名地标。

一座形象清晰（Legible）的城市，必然有着易于识别的地标。林奇将地标列为构建城市形象的五种基本元素之一。根据林氏的理论，地标是一种与众不同的"参照点"。其中一种叫"径向参照"（radial reference），它可以从不同角度、远距离观察得到，例如塔楼、金色圆顶、高山等，它在城市中有实际作用，能够指示一个固定的、特别的方向或位置[1]。而现代摩天大厦正好具备了这种地标功能，它与城市天际线结合在一起，描绘出一个城市的独特形象。

上海的新天际线

上海曾是远东最繁华的城市，她由租界发展而成。直至 20 世纪 90 年代，上海的城市天际线，仍然是以黄浦江边的外滩为代表。外滩的建筑，大部分建于 20 世纪初，属典型的殖民地建筑风格，又可细分为文艺复兴式、新古典主义、折中主义和装饰艺术派（Art Deco）等，其中著名的地标由南至北依次是汇丰银行大厦（P&T，1923）、江海关大楼（P&T，1927）、和平饭店（P&T，1929）、中国银行大厦（P&T/陆谦受，1937）、百老汇大厦（Bright Fraser，1934）。上海另一处著名的地标，是位于跑马场（今人民广场）北侧的国际饭店，楼高 83m，22 层，由匈牙利人邬达克（Ladislaus Edward Hudec）设计，1934 年竣工。国际饭店保持中国第 1 高楼的记录长达 34 年，直至 1968 年才被 27 层的广州宾馆打破。

上海的新天际线，指浦东陆家嘴金融贸易区的新建筑群。浦东新区于 1993 年正式成立，经过二十年的高速发展，如今已成为中国的金融中心。陆家嘴著名的高层建筑有东方明珠电视塔（华东建筑设计研究院，468m，1994）、金茂大厦（SOM，420m，1998）、中银大厦（日建设计 Nikken Sekkei，226m，1999）、震旦国际大楼（日建设计 Nikken Sekkei，180m，2003）、浦东香格里拉大酒店紫金楼（KPF，180m，2005）、花旗集团大厦（日建设计，180m，2005）、环球金融中心（KPF，492m，2008）、未来资产大厦（KPF，180m，2008）、上海国金中心（Pelli，260m，2010）等。上海的新、旧两道城市天际线，

---

[1] Kevin Lynch, *The Image of the City*, p.48.

在黄浦江两岸，相互辉映，蔚然大观。由美国 KPF 公司设计的环球金融中心，101 层，492m 高，2008 年落成，它曾是上海的最高建筑，也曾是中国第一高楼和世界第三高楼，但短短 6 年之后就被上海中心大厦（Gensler，632m，2015）所超越。

[图 1.5] 上海外滩（作者编辑）

[图 1.6] 上海浦东陆家嘴

北京的新天际线

古都北京自 20 世纪 50 年代拆除了城墙以后，以前门正阳楼为标志的传统城市天际线就消失了。北京城规划最杰出的成就，是由永定门至钟鼓楼、无与伦比的纵轴线。而在纵轴线上所看见的，无疑就是北京的城市心脏。因此站在紫禁城南的天安门广场，环顾四周，前门箭楼和正阳楼、人民英雄纪念碑、天安门、人民大会堂、历史和革命博物馆、毛泽东纪念堂等地标，构成了极富象征意义的城市轮廓，它象征了国家、历史、政治和伟人。

十里长安街也是北京重要的地标。林奇将道路（path）列为塑造城市形象的第一类元素。街道往往是最先令人浮现记忆和印象的地方，因为人们日常沿着街道行走时，对城市进行观察，周围的环境因素被排列和联系起来[1]。为举行庆祝建国十周年阅兵大典特别加以拓宽的长安大街于 1959 年启用，是北京很多大型新建设的所在地，而且王府井、东单、西单、北京火车站以及国务院新华门、公安部、商务部、交通部等不少中央单位也开设在长安街附近。沿着东、西长安街的两侧，有北京电报大楼（北京工业建筑设计院，1957）、北京广播大楼（1958）、人民大会堂（北京市建筑设计院张镈/赵冬日，1959）、历史和革命博物馆（北京市建筑设计院，1959）、军事博物馆（北京市建筑设计院，1959）、民族文化宫（北京市建筑设计院张镈/孙培尧，1959）、民族饭店（北京市建筑设计院，1959）、北京饭店东楼（北京市建筑设计院，1974）、中国社科院大楼（北京市建筑设计院，1984）、北京国际饭店（1987）、国贸大厦（1990）、恒基中心（关善明/北京市建筑设计研究院，1998）、北京国际金融大厦（北京市建筑设计研究院，1998）、中国银行总行大厦（贝聿铭，1999）、东方广场（P&T，

---

[1] Kevin Lynch,*The Image of the City*,p.47.

2001）等代表性建筑，其中不少被评为当年的"北京十大建筑"，见证了北京在 20 世纪后半叶的城市发展与变化。

《北京 1991–2010 年城市总体规划》首次提出打造北京 CBD 的概念，现在的规模是以东三环南起建国门外大街北至亮马河为中心的区域。这一带的东南面是日坛旁边的第一使馆区，北面是亮马桥附近的第二使馆区，而且集中了很多高级商务酒店，著名的大厦有银泰中心（约翰·波特曼，249m，2008）、国贸第三期（SOM，330m，2007）、嘉里中心（刘荣广/伍振民，31 层，2013）、财富中心（GMP/LPT/WTIL/ARUP，265m，2013）、中央电视台新大楼（OMA，234m，2012）、环球金融中心（Cesar Pelli，100m，2009）、京广中心（日本设计 Nihno Sekkei，209m，1991）、SOHO 嘉盛中心（Lab Architecture Studio，150m，2008）等。京广中心曾是北京最高的建筑，现在由国贸第三期荣膺第一高楼的美誉。这些新地标，与故宫等古迹对比鲜明，为京城勾勒出反差极大的新天际线。

[图 1.8] 北京 CBD 国贸第三期（作者摄）

广州的新天际线

华南重镇广州，位于珠江河畔、越秀山下，历史上曾经是中国唯一对外开放的通商口岸。广州有两条城市天际线。第一条在原府城的纵轴线上，以越秀山顶的中山纪念碑（吕彦直，1929）和明代镇海楼，以及中山纪念堂（吕彦直，1931）等为地标，体现了近代广州独特的历史。第二条在原府城西南、珠江北岸，西起沙基，东至长堤，以粤海关大楼（戴卫德·迪克（David Dick，31m，1916）、广东邮务管理局大楼（杨永堂，18m，1916）、大新公司（疑杨元熙，50m，1922）、爱群大厦（陈荣枝，64m，1937）、永安堂（10 层，1937）等新古典主义和装饰艺术派建筑为地标，代表了西方经济文化对广州的影响；这条天际线在 1968 年延伸至海珠广场，因为 27 层的广州宾馆（广州城市规划局，86m）落成了，这座新地标是当时全中国最高的建筑物，而在

[图 1.7] 北京前门正阳楼（作者摄）

此之前，爱群大厦是广州的第一高楼。1976年，广州于环市东路建成32层的白云宾馆（广州城市规划局），将中国摩天大厦的高度提升至117m。这两座宾馆的造型相似，建筑立面均采用条状窗户（strip window），属于标准的国际派风格（International Style）。

广州的新天际线代表了城东天河区珠江新城中央商务区（CBD），它是经过精心规划的成果，以花城广场为中心，北端是中信广场（刘荣广/伍振民，391m，1997），南端是倒"品"字形的东、西双塔和广州塔（马克·海默尔 芭芭拉·库伊特，600m，2009），西塔即广州国际金融中心（威尔金森·艾尔，440m，2010），东塔即周大福金融中心（KPF，539m，2015），南北全长约6000m，是广州新城市中轴线的立体呈示。目前核心区内先后建成包括正佳广场万豪酒店（捷得设计事务所，188m，2005）、富力盈隆广场（广州市住宅建筑设计院，173m，2006）、粤海天河城大厦（P&T，195m，2007）、广州银行大厦（伍泽礼/广州市设计院，267m，2011）、珠江城大厦（SOM，309m，2011年）、利通广场（JAHN，302m，2011）、广晟国际大厦（广州瀚华，360m，2012）、广东全球通大厦（广东省建筑设计研究院，165m，2012）、恒大中心（189m，2011）、高德置地广场（282m，2012）、保利威座（180m，2011）、富力盈凯广场（美国GP，296m，2013）、富力中心（AEDAS，243m，2007）、富力盈耀（251m，2014）大厦、合景国际金融广场（许李严，198m，2007）等约40幢摩天大楼。

[图1.9] 广州大新公司（历史图片）

[图1.10] 广州塔与国际金融中心

深圳的新天际线

深圳是20世纪80年代才诞生的新城市，她的城市建筑基本上参照了香港的高密度建筑类型，早期的天际线以罗湖商业区为代表，以著名的国贸大厦（湖北工业建筑设计院/朱振辉，160m，1985）为地标。后来，金融区逐渐在西面的蔡屋围形成，信兴广场又名地王大厦（张国言，383m，1996），是深圳20世纪90年代的地标，竣工当年号称亚洲第一、世界第四高楼。

作为中国最早普及高层建筑的城市，深圳有不少独特的设计，除了上述的国贸大厦、地王大厦，还有赛格广场（华艺/陈世民，355m，2000）、招商银行大厦（李名仪，249m，2001）等。

今天深圳的新 CBD 落户罗湖以西的福田区，面积约 60hm²，围绕着会展中心，高楼林立，包括卓越时代广场（218m，2006）、嘉里建设广场（200m，2011）、香格里拉酒店（190m，2008）、卓越世纪中心（拉里·奥尔特曼斯 Larry Oltmanns，280m，2010）、财富大厦（218m，2008）、现代国际大厦（176m，2008）、金中环国际商务大厦（200m，2006）、大中华国际交易广场（203m，2005），免税商务大厦（162m）、时代金融中心（114m，2004）、港中旅大厦（JPW，154m，2008）、中国联通大厦（108m）、证券大厦（OMA，245m，2011）、太平金融大厦（株式会社日建设计，228m，2014）、江胜大厦（北京市建筑设计研究院深圳院，192m）、新世界中心（SOM，238m，2006）、中移动深圳信息大厦（176m，2014）、安联大厦（150m，2005）、诺德中心（193m，2005）、荣超经贸中心（206m，2007）、生命保险大厦（219m，2014）、地铁大厦（151m，2006）等，成为金融、商贸、信息和服务等行业的集中地。当然，"老"区不甘后人，城东新地标京基 100 大厦（TFP/Arup，441m，2011）刚刚

[图 1.11] 深圳国贸大厦（历史图片）

[图 1.12] 深圳招商银行大厦

落成。不过,正在封顶的平安国际金融中心(KPF,600m)将成为鹏城第一高楼。

[图1.13] 深圳京基100及地王大厦

[图1.14] 深圳福田平安中心(作者摄)

其他城市的新天际线

　　六朝古都南京,从传统商业中心新街口、沿中山路向北、至玄武湖西岸的中央路一带,建起了很多高楼,其中有绿地广场紫峰大厦(Adrian Smith/SOM,450m,2009)、德基广场二期大厦(南京市建筑设计研究所/华东建筑设计有限公司,337m,2013)、金陵饭店新厦(P&T,242m,2012)、南京国际金融中心(HOK,220m,2007)、新百南京中心(FRI,249m,2009)、新世纪广场(江苏建筑设计研究院,255m,2006)等,鼓楼、金陵饭店(P&T,110m,1983)等著名的地标已被湮没。金陵饭店由香港巴马丹拿(P&T)瑞士籍建筑师李华武(Remo Riva)设计,它是20世纪80年代南京最高、最具影响力的建筑,落成时曾轰动全国,广受关注。

　　华中的武汉三镇,被称为"九省通衢"之地。

[图1.15] 南京新街口金陵饭店(历史图片)

[图 1.16] 南京新街口天际线（作者编辑）

[图 1.17] 汉口江汉关（历史图片）

武昌的天际线, 向以蛇山黄鹤楼（51m, 1985）为地标, 龟山晴川阁则是汉阳的地标, 毛泽东词 "龟蛇锁大江" 是极其生动的描写。租界汉口, 以英国海关大楼 "江汉关"（Stewardson, 46m, 1924 年）为代表。江汉关大楼曾是武汉最高的建筑物, 后来被位于汉阳的晴川饭店（湖北工业建筑设计院 / 袁培煌、刘新民、李彩文, 88m, 1986）所取代。20 世纪 90 年代武汉第一高楼是汉口中山路的佳丽广场（WMKY, 251m, 1998）, 可惜因某些原因而被闲置多年。另外, 长江大桥 1957 年通车后, 一直被视为武汉市的重要地标。武汉市政府 2004 年通过位于汉口王家墩的 CBD 规划, 核心区占地面积 2.76km², 正在建设之中。目前, 在新华路与建设大道交汇处一带, 集中了不少商业大厦, 如浦发银行广场（中南设计院, 106m, 2008）、江汉国际 IFC（武汉中合建筑设计事务所, 211m, 2012）、良友大厦（110m）、民生银行大厦（武汉建筑设计院, 331m, 2010）、新世界国贸大厦（武汉建筑设计院, 212m, 2003）、建设银行大厦（208m, 1998）、广播电视中心大楼（汪孝安 / 华东建筑设计院, 200m, 2007）等, 形成了一条新天际线。

[图 1.18] 汉口民生银行大厦（作者摄）

海河之滨的天津, 于 2009 年由市政府提出《天津市空间发展战略规划》, 和平区小白楼地区被定为 "城市主中心", 占地面积 5.4km², 包括了中心商务区（CBD）。这一带主要是昔日租界的肌理, 内有天津各时期的著名地标, 例如渤海大楼（永和营造, 48m, 1938）, 它曾经是华北地区最高的建筑; 俗称 "电报大楼" 的南京路长途电信枢纽大楼（天津大学 / 建筑设计研究院, 12 层, 1983）, 滨江万丽酒店大厦（203m, 1998）; 俗称 "津塔" 的天津环球金融中心（SOM, 336m, 2010）。津塔目前是北方第一高楼。

[图1.20]苏州湖西CBD（苏州旅游局）

[图1.19]天津津塔（作者摄）

人间天堂苏州、杭州，自古以小桥流水和西湖风光闻名于世，苏州的虎丘、北寺、瑞光三塔，杭州的六和塔和保俶塔，历来就是当地的天际线标志。现在，新苏州的形象是金鸡湖西岸的CBD高楼，例如盛高环球大厦（现代建筑设计集团，286m，2010），而正在施工中的"东方之门"（RMJM，301m）将是苏州的第一高楼。杭州于2003年以武林广场为核心规划CBD，那一带的新地标是环球中心（浙江省建筑设计院，173m，2005）。另外，杭州正在开发钱江新城CBD，落成了杭州目前最高的浙江财富金融中心（约翰·波特曼John Portman，258m，2011）。据不完全统计，进入中国高层建筑数量前20名的城市还有沈阳、大连、青岛、重庆、成都、贵阳、南宁、无锡、宁波、长沙、厦门等。总而言之，各地城市虽然在发展程度上有差别，但在追求兴建摩天大楼的热情上是一致的。

中国第一高楼的高度，在过去的80年，提高了549m；其中由1985至2014这29年间就提高了472m。回顾历史，中国第一高楼传统集中在上海、

[图1.21]杭州钱江新城CBD（作者编辑）

广州、深圳三地，它们先后是上海国际饭店（83m，1934）、广州宾馆（86m，1968）、广州白云宾馆（117m，1976）、深圳国贸大厦（160m，1985）、北京京广中心（209m，1991）、深圳地王大厦（383m，1996）、广州中信广场（391m，1997）、上海金茂大厦（420m，1999）、上海环球金融中心（492m，2008）、上海中心大厦（632m，2014）。但是这一传统，正受到其他城市的挑战。综合媒体报导，目前全国400m以上的高楼，施工中的有11个项目，武汉绿地中心高度为606m；预备动工的有15个项目，苏州中心广场南塔高度为780m；规划中的有32个项目，有某发展商宣

布将兴建 838m 高的长沙天空城市，并称建设期仅需 90 天，消息未免有点耸人听闻。不过，一场争夺第一高楼称号的竞赛，正进入白热化阶段，却是事实。2011 年全国 150m 以上的高楼超过 200 幢，按楼宇数量排，前 6 名的城市是上海（51 幢）、深圳（46 幢）、广州（44 幢）、南京（23 幢）、重庆（18 幢）、天津（15 幢）[1]。2012 年全国 200m 以上处于发展尾段的高楼有 239 幢 [2]。2014 年新建高楼总米数前 6 名的城市是天津（1200m）、无锡（1200m）、武汉（900m）、重庆（900m）、广州（700m）、南昌（700m）[3]。2013 年中国兴建了 200m 以上的高楼 36 幢，2014 年中国兴建了 58 幢，升幅 62%，而全球当年兴建了 97 幢，中国占了将近 60%[4]。

这种城市天际线以及竖直地标（又称径向参照）普遍被新建的 CBD 摩天商厦所主宰的现象，背后有几个因素：首先，反映了当前中国城市建设以市场经济为重心、由金融和贸易唱主角的热潮，请看各地最高的大楼，不是叫国际金融中心，就叫国际贸易中心；其次，全球化给中国带来了巨大的影响，这不仅表现在大楼的名称上，更由于大部分竖直地标建筑的开发均有国际财团参与或直接投资；第三，地方政府简单地将建设摩天大厦看作为打造国际化城市的标准以及互相攀比的虚荣心态，例如人口仅 86 万

的广西防城港市曾传出计划发展 109 层 528m 高的亚洲国际金融中心 [5]。

西方经济学界流传着一个"摩天大楼指数"（Skyscraper Index）理论：当出现竞争世界第一楼最激烈的时刻，就是经济下滑的先兆。其根据来自 1930 年的纽约，1974 年的芝加哥，1997 年的吉隆坡和 2010 年的迪拜。上述每一个城市在落成世界第一高楼之后，随即面临经济调整的问题。由于这个理论属于经济学领域，笔者就此打住。但是，研究显示，在中国，摩天大楼主要由地产商发展，靠收取租金作为投资回报；而在美国，排在前 50 位的摩天大楼中，⅔ 的业主是金融、石油化工、汽车制造、航运和航空企业的公司，大楼的用途更多是作为企业自己的总部 [6]。根据一份研究报告，至 2025 年中国将落成的摩天大厦足够填满大小等于 10 个纽约的城市 [7]。以目前长江三角洲为例，杭州、上海、苏州、无锡、南京等 5 个城市都在打造相当规模的金融区，仅 430km 的范围内就有 5 个 CBD。在珠江三角洲，广州、深圳距香港虽近在咫尺，但都建了各自的 CBD，现在佛山又在规划一个"广东金融高新技术服务区"。问题是中国真的需要建这么多纽约曼哈顿式的城市吗？曾引起外界高度关注的天津滨海新区响螺湾 CBD"鬼城"现象，是否盲目超前发展？

CBD 高耸入云的玻璃幕墙办公大楼，代表了企业

[1] 参见 Peter Foster, *China to get new skyscraper every five days for three years*, The Telegraph, June 8, 2011.

[2] 参见 DeZeen Magazine.

[3] 来自国际组织 Council on Tall Buildings and Urban Habitat（CTBUH）统计数据。

[4] 同上。

[5] 参见《南方周末》彭利国等《小城兑　换大　—528m 东南亚第一高楼夭折始末》报道。

[6] 参见 Peter Foster.

[7] McKinsey &Co. report, "Preparing for China's urban billion", March 2009.

的形象，又是市场力量的象征，不少西方学者，例
如建筑学理论家查尔斯·詹克斯（Charles Jencks），
认为建筑和城市设计之所以以市场为导向，因为市
场是后现代社会的基本沟通语言。社会学理论家戴
维·哈维（David Harvey）写道："作为地产及建造业
支配力量的土地投机和物业开发，是资本积累的一
个主要渠道。在由企业资本控制的地方（特别在美
国），不断地建设这些象征企业权力的、雄伟的摩天
大厦，无论从早期芝加哥论坛报大楼，到日后纽约
洛克菲勒中心，还是不久以前的川普大厦和AT&T大
厦，都是在延续一部歌颂那些仿佛神圣不可侵犯的
权力阶级的历史，但人们似乎并不觉得有什么不妥
之处" [1]。由此可见，在21世纪的中国，由摩天大楼
构筑城市天际线的事实，除了说明城市建筑环境方
面发生了显著的变化，还揭示了社会文化及思想观
念方面也有很大的转变，那就是人们对财富和资本
的接受、认同与追求。

　　应用高层建筑塑造城市天际线和城市地标，世
界上有两种令人印象深刻的规划模式：一种以纽约
曼哈顿、芝加哥、香港等为代表，追求密集的群体
美；另一种以巴黎埃菲尔铁塔、巴西利亚国会大楼
（National Congress Building）、多伦多CN塔等为经
典，追求突出的个体美。上海浦东陆家嘴以及金茂
大厦、环球金融中心已广为大众传媒介绍，笔者在
此也不重复叙述了。

[图1.22]巴黎埃菲尔铁塔

[图1.23]巴西利亚国会大楼

[图1.24]多伦多CN塔

[1] David Harvey.The Condition of Postmodernity [M].
　　Blackwell,1990，p.70—71.

　　广州新天际线的视觉效果，是新城市轴线的反
映（详见第2章）。根据总体规划和宏观控制，新

天际线主要突出位于文化广场两侧的东、西双塔，以及轴线北端的中信广场大厦、南端的观光塔，其中 80 层的中信广场大厦是原有建筑。当局于 2004 年对东、西双塔的设计方案进行了国际招标。双塔作为珠江北岸城市轴线上两幢最高的建筑物，原本中标的 8 号"孪生"方案是一个完全相同的对称设计。可惜建筑设计是超前安排的工作，后来进行物业发展招标，受各种因素影响，东、西双塔最终分别由两个不同的业主中标。西塔广州国际金融中心采用原设计，已于 2009 年竣工。东塔周大福金融中心另觅新方案，即将完工，但比西塔高出近 100m。

观光塔是新城市轴线的最高点，位于广州市珠江南岸的海珠区滨江东路，与海心沙岛和北岸的珠江新城 CBD 隔江相望。观光塔属于公共建筑，由政府投资，工程立项的理由是为 2010 年广州亚运会电视转播服务[1]。塔的设计方案，亦于 2004 年通过举办国际竞赛，最终选择了荷兰阿姆斯特丹 IBA 建筑事务所与奥雅纳（Arup）公司合作的 4 号方案（共有 13 个方案参赛）。塔的建筑师为 IBA 的马克·海默尔（Mark Hemel）和芭芭拉·库伊特（Barbara Kuit）夫妇。

广州塔于 2010 年启用，塔高 600m（其中天线桅杆高 150m），从地面裙楼至塔顶共分（A）大厅（B）动感影院（C）观光区（D）蜘蛛栈道（E）旋转餐厅及观景平台等 5 段不同的功能区。设计团队希望给广州一座既简洁又精巧玲珑、外形新颖、充满时代感并挑战现有建筑技术的地标，建筑师在反思传统摩天大楼过于刚阳、锋锐、鲁直、沉重以及楼层平面重复的基础上，提出广州塔要表现少女亭亭玉立的性感：阴柔、圆滑、婀娜、苗条、优雅，同时结合变化多端的空间和平面尺寸，达至结构与建筑效果完全一致[2]。塔身上下两端粗、中间细、上小下大、上下扭转 45°、上下轴心偏离 10m 的不对称椭圆筒。塔身高 450m，底部椭圆长径 80m，顶部椭圆长径 54m，腰部最

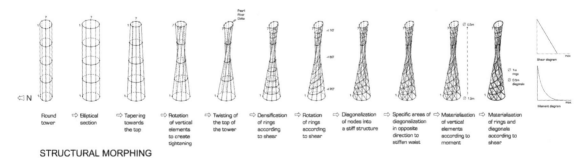

STRUCTURAL MORPHING

[图 1.25] 广州塔建筑造型示意图（由阿姆斯特丹 Information Based Architecture 的 Mark Hemel+Barbara Kuit 设计）

[1] 林树森. 广州城记[M]. 广州：广东人民出版社，2013 年，第 13 章.

[2] 参见 IBA 官方网页.

窄处仅 22m[1]，塔的平均高宽比例约为 7：1，体型纤美，故有"小蛮腰"之称。

广州塔的外形虽然简洁，但由于塔身自下至上的不同轴扭转，变化极为丰富，其结构设计非常复杂，奥雅纳的工程师们用 2 组独立的结构元素去打造"少女的纤腰"：里面是混凝土核心筒，外面是钢结构外筒。外筒由 24 根立柱、46 道与水平面形成 15° 夹角的环、斜撑三层编织而成，就像一条镂空的裙子。如此设计对施工精度的要求很高，承建商为上海建工集团。

别具一格的广州塔，不落历史上同类作品的俗套，在建筑和结构设计两方面均取得突破，它既是塔又是楼，外形优美别致，像一位窈窕淑女，站在珠江河畔，成功地为广州建立起 21 世纪的新形象。

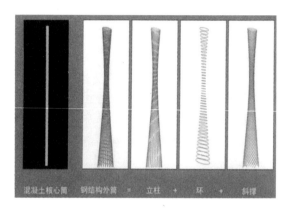

[图 1.27] 广州塔结构示意图（南方都市报）

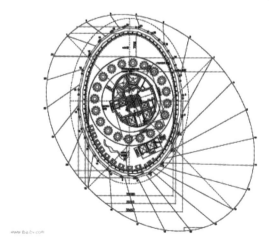

[图 1.26] 广州塔平面图（南方都市报）

[图 1.28] 广州塔（李崧摄）

[1] 参见 Arup 官方网页。

参考文献

[1]　林树森 .《广州城记》[M]. 广州：广东人民出版社，2013.

[2]　Kevin Lynch.*The Image of the City* [M].MIT Press，1960.

[3]　David Harvey. *The Condition of Postmodernity* [M].Blackwell，1990.

[4]　高楼迷网站 .top.gaoloumi.com/cn.php.

第 02 章
从"人民"到"市民"：
广场、公园与市中心

李 磷

[图 2.0] 深圳福田市民中心广场（作者摄）

在市中心，市民可以无拘无束地认识陌生人，因为公共场所向所有人开放。他们可以聚集在那里，同时能有机会够享受城市所提供的最好的娱乐、演出和文化活动。互不相识的人可以透过这种场合，在群众中发现鲜活的人性价值和找到进行社会接触的机会，而这些机会恰好是现代人经常被剥夺了的。创造这些中心是政府的职责，这些市中心的元素不能靠商业投资，它们是城市作为一个整体所必须具备的，应该以公款建设。[1]

——J.L. 萨特

随着时间的推移，人口增加，世界上每一个城市，都不得不迎接发展的挑战。城市发展，必须解决的，不单单是重建老城区和合理开拓新市区的问题，更关键的是要作出一个正确的决策：到底应该沿用原有的市中心？还是另辟一个新市中心？前者属于老城区向外围扩建伸延的情况，需让里面老城的市中心，在功能上仍然能为外面的新城区服务[2]。后者则完全新建一片新城市，重点要处理好原有市中心与新市中心的关系[3]。本章集中讨论新城市中心。

梁思成、陈占祥在 20 世纪 50 年代曾经提出在北京西郊规划新行政中心的建议："北京不止是一个普通的工商业城市，而且是全国神经中枢的首都。

我们不但计划它成为生产城市，合理依据北京地理条件，在东郊建设工业，同旧城的东北东南联络，同时我们是做建都的设计——我们要为繁复的政府行政工作计划一合理位置的区域，来建造政府各行政机关单位，成立一个有现代效率的政治中心……我们相信，为着解决北京市的问题，使它能平衡地发展来适应全面性的需要，为着使政府机关各单位间得到合理的且能增进工作效率的布置，为着工作人员住处与工作地的便于来往的短距离，为着避免一时期中大量迁移居民，为着适宜的保存旧城以内的文物，为着减低城内人口过高的密度，为着长期保持街道的正常交通量，为着建立便利而又艺术的新首都，现时西郊地区都完全能够适合条件。"[4] 但是，这个建议没有被接纳。北京是国家的首都，建设市中心多了一层政治考虑。相对来说，地方城市就比较灵活，经过十多年的发展，很多城市的老城区已不能满足新时代的要求，于是纷纷开发新区，也就产生了新的城市中心。

国内比较早尝试规划新城市中心的地方，可能是广东顺德。1992 年，顺德被国家选为行政架构改革试验点，实行撤县设市。次年，顺德在始建于明景泰三年的县城大良镇东南约 5km 外、顺风山以南、容桂水道北岸规划了面积 6.5km² 的顺德新城。新城分南北两片，以一条东西向的运河作为分隔。北片是行政及文化中心，以政府大楼为主体建筑，坐北向南，背山面水，布局呈纵轴对称：政府大楼前是方

[1] 引自 J.L. Sert, Centers of Community Life (CIAM-8: The Heart of the City).

[2] 例如柏林，在两德统一、围墙拆除后，柏林仍以古迹勃兰登堡门作为市中心的标志。

[3] 例如巴黎新城区拉德芳斯。

[4] 梁思成、陈占祥《关于中央人民政府行政中心区位置的建议》。

形的德胜广场（2002），广场的两侧分别是行政服务中心东座和西座，广场的南端是成一字排列的演艺中心（P&T，2005）、图书馆（P&T，2006）、博物馆（2013）。南片是商务区，中央设有宽150m的绿化带。2001年，新城扩大至31.8km²。2004年，顺德撤销市级建制，改为佛山市下属的一个行政区，至今新城的规模发展至70km²。

[图2.1]顺德新城市中心（佛山日报）

上海浦东世纪广场与世纪公园

上海在准备开发浦东新区时，曾于1992年为陆家嘴CBD城市设计征集方案，英国理查德·罗杰斯（Richard Rogers）的规划被评为第一名，方案是一个环状构思，圆心是公园。由于各种原因，后来没有采用此方案。1993年，浦东新区正式成立。1995年，政府计划在浦东世纪大道的终端兴建面积140hm²的中央公园，英国LUC的方案赢得国际招标。公园于1999年底建成，改称"世纪公园"。公园以湖泊、草坪、森林等自然景观为主，设7个区，分别是乡土田园、观景区、湖滨区、疏林草坪区、鸟类保护区、异国

园区和迷你高尔夫球场，全园有世纪花钟、镜天湖、大喷泉、绿色世界浮雕、音乐喷泉、音乐广场、缘池、鸟岛、蒙特利尔园等53处景点。目前民众需购买门票才能进入公园。

世纪广场位于世纪大道终端与世纪公园正门之间，它既是城市广场，也是公园的主入口。面对西北方向的世纪大道和陆家嘴，是"东方之光"日晷雕塑，广场的入口由8根高大的方柱组成；广场的中心用水池表现出内圆外方的构图；广场的东北方是浦东新区人民政府、上海东方艺术中心、浦东新区青少年活动中心；广场的西南方是上海科技馆；广场的东南方是一段天桥，直接通往世纪公园。

[图2.2]世纪广场入口

[图2.3]世纪广场中心

[图 2.4] 世纪公园

广州新城市纵轴线

广州原有 4 个区，即越秀、荔湾、东山、海珠。1985 年政府在东郊成立了天河新区，当时面积102km²。1987 年，广州承办第六届全运会，新修建的主要竞赛场馆"体育中心"落户旧天河机场，俗称天河体育中心。为配合全运会，同时在体育中心的北面修建了简易的铁路客运站，后来命名为"广州东站"。20 世纪 90 年代初，广州市政府决定在天河新区以南的冼村、猎德村一带，增建一个 6.6km²的珠江新城。1992 年，美国波士顿托马斯规划所（Thomas Planning Services）提出在新城中心开辟一条结合绿化的中央大道、将海心沙岛与天河体育中心和广州东站相呼应的构想，当局以此为基础出台了《93 规划》。

不久，高 10 层、建筑面积 16 万 m²，中国最早的大型购物中心（shopping mall）"天河城广场"在体育中心以南的天河路，391m 高的"中信广场大厦"在东站以南、体育中心以北的天河北路，相继

于 1996 年和 1997 年落成，进一步强化了纵轴线。随着中信广场大厦竣工，广州园林建筑设计院便着手规划东站与大厦之间的东站广场（7.98 万 m²），它是一个以草地为主的对称设计，北端用人工瀑布的方案解决了火车站前高架交通平台与地面出现 8.7m 高差的视觉难题，此景观后来被市民评为"天河飘绢"。

1999 年，广州市政府组织广州城市规划勘测设计研究院、同济大学城市规划设计研究院、华南理工大学建筑学院三家单位参与"新城市纵轴线设计咨询"，最后的深化方案提出了宝瓶状的都市绿化核心（即现在的花城广场）以及在珠江南岸赤岗古塔的东北方面增设一处塔式标志（即现在的广州塔）的建议，正式宣告一条完整的、有始有终的新纵轴线从此诞生。

面积约 56ha、北起黄埔大道、南抵珠江河岸的花城广场，长约 2200m，最宽处 250m。此宝瓶状的公共空间，两侧由 4 段 8 组原则上对称的建筑物围合而成，北部为商贸大厦群；最南端是"文化广场"，有广州歌剧院、广东省博物馆新馆、广州市第二少年宫、广州图书馆等"四大件"；商厦群与文化广场

之间是东、西双塔，也是写字楼，但属于地标，是整个 CBD 区域最高的建筑物，设计方案的产生程序与"四大件"相同，均通过国际竞赛遴选出最终的优胜者。

2000 年，广州市政府决定在"文化广场"以南、珠江中的海心沙岛上修建"市民广场"，并明确"应力求简洁，不能做成一个游乐场"的设计原则，作为新城市纵轴线的延伸。2001 年 4 月规划部门批准了海心沙的设计，该方案采用了十字形的布局，纵轴即城市轴线，横轴是两侧以树林相夹的大草坪；两轴交叉处是 140m×160m 的硬地中心广场，广场以南是滨水露天剧场。

2002 年，英国扎哈·哈迪德（Zaha Hadid）的"双砾"方案赢得广州歌剧院第二轮国际建筑设计竞赛，总建筑面积 7.1 万 m² 的剧院于 2010 年 5 月揭幕。

2002 年，广州市第二少年宫国际建筑设计竞赛，美国 SBA 的方案中标，2006 年落成。

2003 年，广东省博物馆新馆国际建筑设计竞赛，由香港许李严的"宝盒"方案胜出，总建筑面积 4.1 万 m² 的新馆于 2010 年 5 月开放。

2004 年 7 月，广州获第 16 届亚运会主办权。由于海心沙岛的征地和搬迁工作进度缓慢，无法实施 2001 年的设计，当局遂于 2009 年 4 月 19 日，宣布在岛上建设亚运会开闭幕式的主会场"风帆"。

西塔（国际金融中心）和广州塔同时于 2004 年向全球征集设计方案，西塔采用了英国威尔金森·艾尔（Wilkinson Eyre）的"通透水晶"，广州塔选取了荷兰 IBA 的"小蛮腰"，分别于 2009 年及 2010 年建成。

2005 年，总面积 10 万 m² 的广州图书馆国际建筑设计竞赛，选出日本日建设计的"之"字形"美丽书籍"方案，2013 年竣工。

2010 年 10 月，总面积 56 万 m² 的花城广场向公众开放。这样，广州的新城市中心，经过十年的打造，终以 2010 年 11 月 12 日开幕的亚运会为契机，展现在世人眼前。这个市中心，由交通枢纽、竞技场馆、商业大厦、购物中心、文化设施、观光设施和公共广场组成，以轴线为主导元素。

宝瓶状的花城广场由北至南分 5 段：最北端"瓶口"是市民广场；"瓶颈"是呈悬鱼状的浮岛湖；"瓶胸"是中央广场；"瓶肚"是双塔广场；"瓶底"是文化广场。双塔广场以北基本上以绿化为主，更像一个供市民休闲散步的公园；文化广场以硬地为主。整个花城广场的地面是步行环境，地下层设有商场和公共交通系统，地面与地下层之间有多个下沉广场和楼梯间相连，广场上的人士可以很方便使用地

[图 2.5] 广州新城市纵轴线表现图

[图 2.6] 花城广场（作者摄）

下商场的配套设施，例如餐饮服务、公厕等，也可以随时乘搭快捷的地铁离开广场。这个非常人性化的设计，是 2002 年国内设计咨询、2003 年美国 SWA 深化方案、2005 年国际招标等一系列动作的成果，主题是"百川归海、都市绿洲"。广场的地景（Landscape）设计单位是德国欧博迈亚和广东省建筑设计研究院。

[图 2.7] 广州天河新城市中心

深圳福田市民广场

深圳是 1980 年才开始建设的新城市，原称"经济特区"，最初市区发展集中在罗湖区，以南北走向的人民南路和东西走向的深南东路为主干。1986 年《深圳经济特区总体规划》提出了福田中心区的设想[1]。1989 年至 1991 年，深圳当局曾先后两次组织"福田中心区规划方案征集"，最终选定以中国城市规划设计研究院的方案为主。1992 年，中规院的规划小组，明确及深化了纵轴线和方格形路网相结合的总体布局，核心是椭圆形的"五洲广场"，深南大道横贯其中，以北布置行政中心与文化中心，以南是 CBD。1996 年，中心区开始建设基础设施及道路网，各项大型建筑单体工程随后逐一落实[2]。如今，福田中心区北起莲花路，南抵滨河大道，东自彩田路，西至新洲路，呈矩形，南北距离约 3500m，

[1] 陈一新《深圳福田中心区 CBD 城市规划建设三十年历史研究》南京：东南大学出版社，2015，页 7。
[2] 同上。

东西长约 2000m，占地面积 6.3km²。

中包括了北广场、水晶岛和南广场。

[图 2.8] 福田中心区市民广场（作者编辑）

[图 2.10] 市民中心大楼（作者摄）

[图 2.9] 市民中心前的市民广场、水晶岛

[图 2.11] 北中轴旁的公园（作者摄）

　　由于深南大道横贯而过，实际上中心区被一分为二，但中央的椭圆形绿化岛（水晶岛），有效地减低了机动车道对整体空间的干扰。北部以庞大的政府大楼（市民中心，李名义 / 廷丘勒建筑事务所）为主体建筑，配合两翼的是音乐厅、图书馆、少年宫、当代艺术馆（在建中）等 4 座文化艺术设施；北中轴线是一条连接莲花山公园和市民广场的宽阔天桥，天桥下面是书城。南部同样以巨大的会展中心为主体建筑，配合两翼的是十余幢 CBD 商厦；南中轴线是一层高的商场（皇庭广场和中心城），商场屋顶是天台花园，但暂不向公众开放。市民中心与 CBD 之间的市民广场，呈正方形，是以绿化为主的公园，其

[图 2.12] 水晶岛（作者摄）

[图 2.13] 市民公园（作者摄）

Institute for Biological Study）的影子。泰达 MSD 中央花园占地约 8 万 ㎡，由日本设计株式会社（Nihon Sekkei）设计，以"漂浮的绿毯"为主题，设计运用了绵延起伏的坡地、广场、水池、垂直绿化和屋顶绿地等景观元素，营造出一个立体花园的动态效果。

[图 2.14] 滨海广场（作者摄）

天津滨海新区滨海广场

滨海新区位于天津市以东约 40km 的渤海湾边沿，前身是天津经济技术开发区和天津港保税区，2006 年经国务院正式批准开发，面积 2270km²，主要包括塘沽区、汉沽区和大港区，2012 年常住人口 260 多万。市中心被规划在塘沽区北海路、南海路、泰达大道和津塘四号路之间的区域内，呈十字形，左右大致对称，横轴是泰达绿化带（green belt）；纵轴由金融广场、天津市开发区投资服务中心、滨海广场、泰达 MSD 中央花园和市民广场构成，周边的建筑物包括了政府大楼、图书馆、商厦和购物中心。

滨海广场位于纵轴线和绿化带横轴相交处，是主休建筑天津市开发区投资服务中心的前庭，轮廓上方下圆，中间是呈长方形的硬地，周边是水池结合绿化的景观，纵轴线被体现在地面的一道水渠上，有点路易斯·康（Louis Kahn）的索尔克生物研究所（Salk

[图 2.15] 美国索尔克生物研究所

[图 2.16] 滨海新区市中心（泰达 MSD 官网）

[图 2.17] 泰达 MSD 中央花园设计效果图

郑州郑东新区 CBD 中心公园

2000 年 6 月，郑州市提出开发郑东新区，初期范围包括西起 107 国道，东至京珠高速公路，北抵连霍高速公路，南达机场快速路，面积约 150km²。2001 年 9 月，日本建筑师黑川纪章的"共生"方案赢得了郑东新区规划国际招标。新区的 CBD 位于中州大道与金水路交汇处的北侧，距郑州市"二七广场"不到 6km，呈椭圆状，面积约 3.45km²。

[图 2.18] 黑川纪章设计的"共生"方案

根据规划，CBD 分内、外两环建筑物：内环是国际会展中心、古塔状的会展宾馆大楼、陶埙造型的河南艺术中心等主体建筑和红白花公园，至 2007 年相继落成；外环是商厦群。CBD 的中心是人工的如意湖。

[图 2.19] 郑东新区 CBD 中心公园（宁夏新闻网）

杭州钱江新城核心区

杭州钱江新城位于杭州老城区的东南方，钱塘江北岸，距西湖风景区约 5km，总占地面积约 21km²。新城的核心区约 4km²，目前分南北两区，总体规划是以轴线为主导，3 座主体建筑呈"品"字形构图。大部分项目由政府投资，从 2001 年开始建设，陆续落成了大剧院、市民中心、国际会议中心、图书馆、市民广场、波浪文化城、城市阳台等大型工程。北区是表现"天圆地方"概念的政府大楼（市民中心）；南区地面建筑是左右对称分布的"日月同辉"（球状的国际会议中心和半月形的大剧院），地下建筑是波浪文化城。市民广场位于市民中心以南、会议中心和大剧院以北。中轴线的末端，是架设在钱塘江上的观景平台（城市阳台）。市民中心以北的市民公园正在修建中，约 16.7hm²，预计 3 年内竣工。关于钱江新城的规划，杭州有 "从西湖时代，走向钱塘江时代" 的说法。

湖西 CBD 的规划面积 98.7hm²，轮廓像 "手电筒"，以苏华路为主轴，串连着中央公园、世纪广场和东方之门（在建中）、城市广场（2011），有效地将公共空间、地标建筑、交通主干道与高密度的商务大厦整合起来。

[图 2.20] 钱江新城市民广场（作者摄）

[图 2.21] 苏州湖西 CBD 城市广场设计效果图

苏州金鸡湖核心区

1994 年，中国与新加坡两国政府合作在苏州设立 "中国—新加坡苏州工业园区"，简称苏州工业园区。园区坐落于苏州城东郊的金鸡湖畔，规划面积最初约 80km²，经过 20 年的发展，现在扩大至 288km²。园区的核心是金鸡湖西中央商务区（CBD）和湖东商业文化区（CWD），集高端商务办公、时尚购物、文化娱乐和公共休闲于一体[1]。

湖东 CWD 的长远规划面积达 212hm²，现有苏州国际博览馆（2004）、苏州文化艺术中心（2007）、圆融时代广场购物中心（2008）、摩天轮主题公园（2009）、月光码头（2010）等大型会展、文化艺术、观光购物及餐饮娱乐设施，这些后现代风格的建筑物与街道绿化带、水景、运河及湖滨公园巧妙地交织成一片，以新颖的手法打造出小桥流水的韵味。

金鸡湖核心区的公共空间规划与设计，显然参考了苏州古典园林的法则和元素，在布局、尺度、比例上掌握得都比较准确。例如苏华路中间的行人绿化岛上的园林小品和便民设施，非常人性化，不但与两侧的高楼大厦取得良好平衡，而且在繁忙的

---

[1] 参见苏州社会事业局 2011 年编制《苏州工业园区"十二五"商贸业发展规划（征求意见稿）》。

商业大街中创造出抒情写意的休憩环境，显示了独特的匠心。

[图 2.22] 苏华路行人绿化岛的园林小品（作者摄）

[图 2.23] 湖东 CWD 月廊街园林小品（作者摄）

目前，很多城市都不同程度地在打造规模不一的新城区或新市中心，例如南京正在秦淮河以西开发 94km² 的 "河西新城"，建有奥体中心、河西中央公园、河西 CBD、国际博览中心等。无锡正在开发滨湖新区，已落成 65 万 m² 的金匮公园和尚贤河湿地公园、市民中心（政府新办公大楼）、金融街等，作为

新的市中心。成都于 2014 年获国务院批准，正式成立天府新区。新区在旧城南面，规划面积 1578km²，包括了高新区、双流县、龙泉驿区、新津县、简阳市，眉山的彭山区、仁寿县等，人口 600 万。新区核心称天府新城，占地面积 37km²，已建成新世纪环球中心、中央音乐喷泉广场、锦城公园、天府国际金融中心、成都市政府新楼、成都大魔方、国际展览中心等。

众所周知，以公共广场、公园之类的开放空间作为城市的核心，是受到西方文化影响的结果。中国古代的城市中心，通常是庄严的宫廷、州府、县衙或钟鼓楼之类的建筑，平日有比较多人集中的地方反而是城门和市井。

欧洲文明源自古希腊，最初希腊的城邦（polis），由一个称为广场（forum）或市场（agora）的开放空间发展而成。根据制订《雅典宪章》[1] 的国际现代建筑会议 [2]1947-1956 年度主席萨特（J.L. Sert）所著的《社区生活的中心》一文，城市与乡郊最大的区别在于 "公共广场"，这种广场，开辟了一个完全独立于自然之外、纯粹 "人为" 的 "市民" 空间。"城邦不仅仅是住宅的简单集合，而首先是一处市民集会的场所，一个专门为公共功能而设的空间。" 他指出现代城市急需一个市民中心（civic core），这些 "中心" 使城市成为一个真正意义的城市。

在这些城市中心，各类型的公共建筑应该和谐地集中在一起，它们是民众聚会的地方，要把行人

[1]　雅典宪章的英文名称是 Athens Charter。

[2]　国际现代建筑会议的英文缩写是 CIAM。

的利益放在机动车交通和商业之上优先考虑。城市中心的社会功能(social function)，首先是联合民众，为市民互相接触和交流提供便利，激发自由交谈和讨论。

萨特在文中专门列举了一些欧美城市著名的公众聚集场所，例如伦敦的特拉法加广场(Trafalgar Square)、皮加迪利圆环(Piccadilly Circus)、海德公园(Hyde Park)，巴黎街边的露天咖啡馆，米兰的埃马努埃莱拱廊街(Galleria Vottorio Emanuele)，马赛的麻田街(Canebiere)，罗马的圆柱广场(Piazza Colonna)，纽约的时报广场(Time Square)，巴塞罗那的兰布拉大街(Ramblas)，布宜诺斯艾利斯的五月大道(Avenida de Mayo)，以及所有拉丁美洲城市的阿马斯广场(plazas de Armas)等。作为典型，这些传统场所因为很热闹，至今仍然生机勃勃，证明了聚集是每一个城市社区最基本的需求。他从城市规划的技术出发，特别强调行人与机动车交通分离，核心区地带只允许行人使用。"树木、花草、水、阳光等人类喜爱的自然元素在这些中心里应随处可见，并与周围建筑物的外形及颜色取得和谐一致。景观扮演着非常重要的角色。整体布置应以人为本并激发人性美"[1]。如果说今天标新立异的购物中心表达了个人企业自由竞争的特色，那么市中心的建筑方案就应该突出城市作为一个整体的和谐关系。最后，萨特认为，在市中心内如何处理好公共用途的建筑群和开放空间，是规划师和建筑师面对的挑战。市中心的形象，可以反映我们今天的文化和科技知识，

即新的生活方式。行政大楼、博物馆、公共图书馆、剧院、音乐厅、康乐中心、商场、运动场、公园、广场、游客中心、旅馆、会展中心等，均可是这些中心的组成部分。

虽然萨特这篇发表于《CIAM 第 8 期:城市的心脏》专辑的文章写于 20 世纪 50 年代，但对于我们今天规划新城市中心仍有重要的参考意义，它提醒我们思考什么才是一个城市的基本精神。正如 CIAM 早在 1928 年的《La Sarraz》宣言中指出，"城镇规划是对集体生活的功能的安排"[2]。随后《雅典宪章》第 95 条写道:"私人利益将服从集体利益"[3]。所以，城市中心应该被理解为表现集体观念的公共空间，而这个集体就是广大的市民。

我国过去设有开放空间的城市中心，普遍突出历史纪念意义、革命色彩、用于大型群众政治集会。而新世纪的市中心，以服务市民为基本功能的规划和设计，已蔚然成风，反映出从"人民"向"市民"的转变[4]，它们更多是关于休闲、文化、自然景观的主题，都有以下一些共同的特点:

（一）大尺度。上海浦东世纪广场面积 7.23hm²，世纪公园 140hm²，总面积 147.23hm²。广州天河花城广场总面积 56hm²。深圳福田市民广场及公园东西宽 660m、南北长 630m、面积 41.5hm²。天津滨海新区

---

[1]　萨特所著的《社区生活的中心》一文

---

[2]　英文原文是 Town planning is the organization of the functions of collective life.

[3]　英文原文是 Private interest will be subordinated to the collective interest.

[4]　我国 20 世纪的城市，最常见的是人民广场、人民公园。现在新建的都称市民广场、市民公园、市民中心等。

滨海广场宽 400m、长 250m，面积 10hm²；泰达 MSD 中央公园面积 8hm²；泰达绿化带宽 100m，长度超过 1800m，面积 18hm²；三者合计总面积 36hm²；郑州郑东新区 CBD 中心区，呈鸡蛋形，长轴约 1100m，短轴 920m，红白花公园加上如意湖，占中心区总面积的一半以上，不少于 35hm²。杭州钱江新城 450m 宽的市民广场和波浪文化广场合约 16hm²，在建中的市民公园 16.7hm²，共 32.7hm²。苏州湖西 CBD 的中央公园、世纪广场、城市广场、湖滨公园等，总面形积超过 35hm²。无锡的金匮公园和尚贤河湿地公园共 65hm²。以上各新市中心的规模，均不比北京天安门广场逊色。

（二）纵轴线布局。除了郑东新区，上述其他新中心基本上均采用了传统城市的纵轴对称布局；不少还靠山面水，例如顺德的依托顺风山、朝向容桂河，广州的依托燕岭、朝向珠江，深圳的依托莲花山，杭州的朝向钱塘江，苏州的朝向金鸡湖等；有些城市将政府大楼作为主体建筑，置于纵轴线上，突出行政当局的角色，例如顺德、深圳、杭州、无锡、天津滨海新区，上海浦东则把区政府大楼建在横轴线上，可见传统观念对设计者的强大影响力。

（三）公园化。341hm²（3.41km²）的纽约中央公园，无疑是我国城市规划部门向往的对象。早在 1917 年，孙中山倡议在广州市中心地带将原清廷广东巡抚署改作公园，1918 年建成，命名为市立第一公园，1925 年改称中央公园（现人民公园）。目前上述全部新市中心，都设有大面积的绿化公园，让市民游览、休憩。公园是体现开放自由的空间，绿化景观是重建自然生态、美化都市环境不可缺少的元素。

（四）结合 CBD。由于老城区普遍缺乏能够满足当代社会急需的、高效率的商务基础设施，所以本文所论及的各新城区，其功能规划的主要目标，是建设一个中央商务区，因此新的市中心就无法不与 CBD 联系在一起了。上海的是陆家嘴 CBD，广州的是珠江新城 CBD，深圳的是福田 CBD，天津滨海新区的是泰达 MSD，郑州的是郑东新区 CBD，杭州的是钱江新城 CBD，苏州的是湖西 CBD，南京的是河西新城 CBD。

（五）文化艺术开路。建设新的市中心，正如萨特一文指出，政府投资是关键，而政府投入公款，必须兴建公共建筑物（public buildings），故此大多数城市都选择在市中心显著的位置，新建文化艺术场馆，打造城市名片，例如博物馆、图书馆、大剧院、艺术中心、少年宫、科技馆等，提升城市的公共形象。

综上所述，我国新城市中心，可以概括为四句话：中学为体（纵轴线），西学为用（广场、公园），文化搭台（剧院、博物馆），经济唱主角（CBD）。主旋律是健康的，因为新市中心是为市民服务的建设成果。美中不足之处，是各新市中心在选址上未能呼应或延续原市中心的优势，在设计上未能充分表现当地的历史地理内涵，个性不足。这方面巴黎拉德芳斯值得我们借鉴。

于 1958 年开始规划，560hm² 的拉德芳斯（La Defense）作为大巴黎的 CBD，是玻璃幕墙办公大楼林立的新城区。拉德芳斯的中心由一幢俗称"大凯旋门"（Grande Arche）的政府办公大楼和一条广场大道（Esplanade）组成。中空的大凯旋门高、宽、深度各 110m，广场大道宽约 100m，两者均与 3.3km

长的巴黎历史轴线（罗浮宫-香榭丽大道-凯旋门）对齐。由丹麦建筑师斯波莱克尔森（Johan Otto von Spreckelsen）设计的大凯旋门于 1989 年落成，令巴黎增加了一个新地标，同时将巴黎的城市主轴线拓展至 8km 长[1]，它与著名的拿破仑凯旋门遥相对望，新旧呼应，既体现传承延续，又突出发展创新。

[图 2.24] 拉德芳斯大凯旋门

[图 2.25] 由旧凯旋门望拉德芳斯

值得我们欣慰的是，并非所有新的市中心都不重视本土特色，北京对奥林匹克公园的规划是非常

成功的，她将园址定在城北，并主动呼应古城著名的纵轴线，体现了规划者对北京城的深刻理解和对历史文化的尊重，与巴黎拉德芳斯的规划有异曲同工之妙。由于奥林匹克公园是专为奥运会设计的，请读者参阅后面第 10 章《后现代的符号：奥运会与世博会场馆》的详细介绍。

参考文献

[1] 蔡永洁.《城市广场》[M]. 南京：东南大学出版社，2006.

[2] 林树森《广州城记》[M]. 广州：广东人民出版社，2013.

[3] 陈一新.《深圳福田中心区 CBD 城市规划建设三十年历史研究》[M]. 南京：东南大学出版社，2015.

[4] 李克.《郑东新区规划总体规划篇》[M]. 北京：中国建筑工业出版社，2010.

[5] 苏州社会事业局编制.《苏州工业园区"十二五"商贸业发展规划（征求意见稿）》.2011.

[6] J.L. Sert. *Centers of Community Life* [J]. CIAM-8: The Heart of the City.

[7] 天津滨海新区核心区"泰达 MSD"官方网页 http://www.tedamsd.com/main/Default.aspx

[8] 钱江新城建设管理委员会，杭州钱江新城官方网页 http://www.hzcbd.com/qjxc/index.action

---

[1] 由贝聿铭设计的罗浮宫玻璃金字塔，至拉德芳斯大凯旋门，距离约 8km。

第 03 章
皇冠上的明珠："大剧院"热

薛求理　肖映博

[图 3.0] 上海嘉定保利大剧院

啊！光芒万丈的缪斯女神呀，

你登上了无比辉煌的幻想天堂；

拿整个王国当做舞台，叫帝王们充任演员，

让君主们瞪眼瞧着那伟大的场景！[1]

——威廉·莎士比亚

　　剧场的原型来自于古希腊的半圆露天剧场，当歌剧、交响乐、管弦乐等艺术形式在欧洲流行时，一些城市的歌剧院建造得美轮美奂，除了辉煌的演出大厅外，门厅、连廊、楼梯都成了绅士、贵妇出入的社交场所，在星光熠熠之中流连忘返，这样的歌剧院出现在巴黎、维也纳、布鲁塞尔和其他欧洲名城，这些歌剧院往往成为所在城市建筑皇冠上的明珠。踏入 20 世纪，中华文明努力追赶现代文明的发展步伐，在上海、广州等大城市，也有了可以容纳千人以上的表演场所，成为现代大剧院的雏形，如 1931 年落成的上海南京大戏院和广州中山纪念堂。新中国成立后北京、上海等城市也陆续建设了一些大礼堂、会堂等会场建筑。歌剧和古典音乐本来是改良自西方民间的艺术，到了中国，反而成了阳春白雪，殿堂里的高雅艺术。

　　20 世纪中期，澳大利亚悉尼建造歌剧院，历尽艰辛，筚路蓝缕 17 年，终在 1973 年建成，成为

世界现代建筑史上辉煌的一页。对每一个城市来说，这样的大型表演场所，都是城市的名片和脸面。当悉尼歌剧院建成之时，中国正处于"文化大革命"后期，百废待兴。1978 年改革开放，中国逐步迎来城市建设发展的高潮，经过 20 多年的持续高速发展，中国的国民生产总值不断提高，大中城市开始有机会问鼎市政建设中皇冠上的明珠：从 1998 年上海大剧院落成开始到 2013 年，据笔者初步统计，我国建成约 150 多个大剧院，其中 30 多个是由外国建筑师主导设计的。这样密集的大规模文化设施建设，在人类社会发展史上是空前的。

　　这些文化建筑屹立在城市或新区中心，历时累年、耗资亿万。它们是否如预期般提高了城市的文化品位和品牌？这些建筑的设计是如何体现城市决策者的雄心壮志？它们是否为市中心增色并让所推广的现代文明生活方式得到民众的积极响应？这些建筑，从演艺功能的角度，是否好用？这些建筑自建成来，受到媒体广泛报导和商业性宣传，但对上述问题，并未见有深入和认真的探究。而新的建设浪潮，则一浪高过一浪，20 世纪 80 年代建造的文化建筑正在拆除，让位于 21 世纪的新建设。对文化建设热潮的思考和总结，有助于城市的建设和文化形象的塑造并丰富市民的生活，使得纳税人的宝贵金钱用得其所。

　　有鉴于此，本文希望关注和解读文化建筑在我国城市和文化建设中的作用和使用状况。由于大剧院在所有文化建筑中耗资最巨、最引人注目，且有"皇冠上明珠"之称，而海外建筑师的设计，又引入"跨文化"的元素，作者希望以此建筑类型为开端，

[1]　引用自：威廉莎士比亚《亨利五世－序幕》William Shakespeare，"The Life of King Henry the Fifth" Act I, Prologue。原文为：

"O for a Muse of fire, that would ascend

The brightest heaven of invention,

A kingdom for a stage, princes to act

And monarchs to behold the swelling scene！"

解读一系列其他类型的文化建设。本文首先分析大剧院的功能、运作模式、建筑设计，进而展示大剧院在城市层面的作用。由于我国一线二线城市的著名大剧院相当一部分是由外国建筑师设计，若干建筑设计事务所在我国设计建造了 3 个以上的大剧院项目，本文从各事务所中选取代表作品，考虑实例的城市分布，对郑州、太原和重庆新建的三个大剧院进行案例分析，以揭示我国大剧院建设对城市及文化的影响。

3.1　新千年中国大剧院的设计特征分析

3.1.1　功能设定

剧场模式与剧场运营有着密切的关系。甚至可以说，剧场的各种功能配置的最终目的是为了满足其核心演艺文化的经营需求。大剧院的运营无疑是一项耗资巨大的事业。目前为止，西方有两种比较成熟的剧场经营模式及与之相关的剧场模式：一种是商业模式剧场，以英国和美国为代表，主要依靠出租剧场等商业运作维持剧场运营，也没有常驻的剧团。由于资金有限，此类剧场大多数舞台设施简陋，配置简单，规模较小，非常重视票房收入。由于经营的成功，如百老汇，享誉世界。另一种是欧洲大陆式剧场，尤其以德国剧场为代表。此类剧场历史上就得到政府的大力资助，剧场配置齐全，舞台机械复杂，设施完备，规模较大，有自己的常驻剧团，

可谓是每一位戏剧家实现理想的天堂。

但是目前，我国的剧场模式与经营方式存在着显著的矛盾。正如著名剧场专家李畅教授指出的那样："我们的剧场模式是按照欧洲大陆式的剧场建设的，但是，我们的剧场运营却是按照英美商业模式进行。那些规模庞大、设施复杂而完备的大剧院，几乎没有自己的常驻剧团，通过出租的方式，租借给马路式剧团。由于马路式剧团巡游演出，不了解剧场的复杂舞台设置，也不需要使用剧场的庞大功能配置。"因此，在我国，大剧院的大多数舞台机械和相关功能配置，往往形同虚设，使用率低，造成了极大的浪费。[1]

3.1.2　建筑形式的中国特色

剧院在观演、声响和舞台技术的操作，使其形状有特别的要求，在传统观演类建筑设计上，舞台、观众厅和前厅的体量处理都直接地暴露在外，成为顺理成章的立面。而近年大剧院建设热潮下的产物，多将这些功能空间本已产生的盒子，包裹在内，在外面再裹上外皮。最典型者乃保罗·安德鲁设计的北京国家大剧院，在大剧院、音乐厅和话剧院三个盒子外，再包上长径 212m 的钢架玻璃椭圆壳；广州大剧院的仿石头造型，也和剧院本身的功能毫不相关。这样的趋势也可能是由于中国大剧院的使用经验缺乏，所以还没法在内层演艺功能体块上回馈给建筑

---

[1]　引用自卢向东．中国剧场的大剧院时代．世界建筑，2011（01），页113。

师更多的创意来源，所以建筑师在面对中国大剧院的发力点往往集中于外表皮。将一个个大剧院的体量设计，变成了无功能约束的立体雕塑构思，任意捏塑切削，在各种设计竞赛和大众媒体中，以"忽悠"式的语言随意讨好受众和利益相关者（见下文案例分析）。剧院和外皮之间的空隙，成了大剧院的门厅或公共功能部分，但多数剧院将这部分半公共空间关闭，或在日间收参观门票，使得设计构思中的公共空间，不能为市民正常使用。而为了建造这层附加的皮，费用是相当高昂的，例如国家大剧院总造价为 31 亿元人民币，在已经完整的 3 个剧院外，再建钢构金属壳，内部以南美进口木材做暖色顶棚，耗资数亿。而这个覆盖三个剧院的金属玻璃壳，尺度远远压倒了周边的建筑，从故宫向南望，一眼就见到这个天外来客，致使历史名城旧区氛围荡然无存。广州歌剧院的剧场技术有其特别之处，但造价和施工的重头戏，却是在那象征"圆润双砾"的曲面外壳上。

同样的大剧院的区位决定了该演艺建筑的可达性，而直接服务于市民大众的，则是进入剧院的前导空间。但新建的大剧院前导空间也显示了相当的"水土不服"：大剧院的门厅承担了集散、中场休息、部分演出等功能，其中门厅的具体功能还与剧场的运营模式有关，如欧洲的大剧院门厅是上流社会阶层重要的社交场所，一般都豪华气派，相比美国的大剧院更为注重商业运作的可操作性，但是我国剧场门厅空间的大小应该与剧场的经营模式密切结合起来，并应当充分考量国人对演艺空间的使用传统与习惯培养。目前大剧院的设计普遍存在过分追求

豪华气派的现象，由于前文所述两层皮的问题，门厅空间普遍滥用通高空间的处理手法，在室内装修上又大量采用大理石、玻璃等光亮材料，导致门厅大空间的混响时间偏长，嘈杂异常。

3.1.3　象征手法

早在《画品》一书中，我国古人就通过排序"气韵生动"和"应物象形"树立了抽象美高于具象美的标准。《画品》六法第三应物象形[1]，其中的"应物"指的是画家与客观事物互动采取应答、适应的态度。"象形"是指通过"应物"对事物的视觉形式深入研究，用可以知觉的形象来表达。应物象形就是将视觉的观察与感知的想象力相结合来描绘事物的过程。"应物象形"即是对造型的审美，在六法中先后顺序表示重要性递减，至少可以看出南北朝时期对形式与意义的态度：虽然描绘对象的拟真性很重要，但是他对于审美的重要性是在气韵与骨法之后的。但是到了当代，我国大剧院造型设计却盛行象形的标志性，也许设计师认为在我们这个诗词歌赋历史悠久的文明古国，文学性的审美所使用的比喻、联想、象征等审美方式成为大众的审美方式与唯一标准，从而忽视了更为深层级的审美追求。在中国建筑设计市场摸爬滚打多年之后，参与各类设计竞

---

[1] 观点来源：梁露 . 浅谈"应物象形". 美术教育研究，2012（08），页 17.《画品》中提出过六法为："六法者何？一，气韵生动是也；二，骨法用笔是也；三，应物象形是也；四，随类赋彩是也；五，经营位置是也；六，传移模写是也。"

赛的中外公司，深谙此道，往往穿凿附会，编撰故事。因此，各地大剧院的形象，被赋予各种神奇故事和美好想象，见表3.1。

传媒上描述的一些大剧院的设计理念 [1]   表 3.1

项目名称	拟物描述
国家大剧院	一滴晶莹的水珠
上海东方艺术中心	五片"玉兰花瓣"
东莞大剧院	芭蕾舞女演员的舞姿
杭州大剧院	西湖上的明月戏珠
河南艺术中心	古代乐器陶埙，恐龙蛋
绍兴大剧院	绍兴乌篷船
温州大剧院	金黄色的鲤鱼
山西大剧院	山西的大门
广州歌剧院	圆润双砾
重庆大剧院	巨轮与岩石
琴台大剧院	古琴
无锡大剧院	蝴蝶
忻州艺术中心	众星捧月
乌镇大剧院	并蒂双莲

而在我们通过百度热点趋势搜索又从另一个层面证明了这一点，对"悉尼歌剧院"的各种描述和引用，大比数多于西班牙的"古根海姆博物馆"，说明国人对"白帆归岸"之类象征手法的兴趣，远远大于纯粹抽象的空间形式造型。

社会语境和学术语境中的关键词 [2]   表 3.2

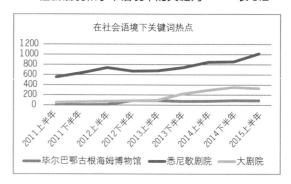

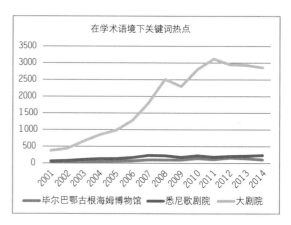

3.1.4 剧场建成后运营

中国在21世纪之后兴建的大剧院多为多功能演艺空间，笔者认为原因是大多数的中国城市急于弥补其文化消费需求与文化产品供给能力之间的落差，但演艺建筑也仅仅是演艺产品的容器，如何让演艺空间发挥充分的价值是一个剧场在策划之初，就应该明确定位并且明确其模仿学习的目标，在相关的

---

[1] 表格为作者自制，数据来源参考卢向东.中国剧场的大剧院时代.世界建筑，2011 (01)，页113与 薛求理.世界建筑在中国.香港:三联书店，2010.

[2] 数据来源 百度指数 http://index.baidu.com/ [检索日期:2015年5月30日].

剧场使用后评价 POE（Post Occupancy Evaluation）研究资料中，有学者用演出场次来评估剧场建筑的运行状况。

"同属于场团签约型剧场的香港文化中心和深圳大剧院的运营模式类似，也都经过了二十几年的发展，但就演出场数来讲，深圳大剧院与香港文化中心相比还有不小的差距（200 场：800 场）。此中原因，除了香港国际化的演艺氛围较好之外，香港文化中心还有 4 个长期合作的伙伴：香港管弦乐团、香港中乐团、香港芭蕾舞团、进念二十面体，而深圳大剧院只有深圳大剧院爱乐乐团一家。这些长期合作演出团体的培养是剧场保证演出场数的重要手段之一。"[1]

但是作者也要强调的是作为一个城市乃至整个地区的最高艺术殿堂，大剧院的文化标杆作用不言而喻。以由英国著名建筑师扎哈·哈迪德设计的广州歌剧院为例。歌剧院采用了时下最前沿的非线性设计手法，形体复杂，耗资十数亿元，历时 7 年完成，建成之后和广州电视塔当仁不让地成为了广州的新地标。广州歌剧院由于其建筑上的知名度促进了剧场的知名度，纯粹来参观的游人就已络绎不绝，仅仅参观门票收入就占了剧场收入的相当一部分。之前华南地区缺少一个真正国际化水平的歌剧院，歌剧巡演经由北京站和上海站之后就直接到香港。广州歌剧院建成之

情况得到了改观，国内国际关注度明显提高，并且成功打造了北京、上海、广州三足鼎立的演出平台，三家全国最大的剧院也已形成了战略联盟。广州歌剧院 2014 年国际 A 类演出达到 60%，仅落后于国家大剧院，和上海大剧院持平。经过两年的演出，广州引起了国际大歌剧院的注意，美国大都会歌剧院主动来洽谈《蝴蝶夫人》的上演事项，这在广州是前所未有的。从以上事例可以看出广州歌剧院对广州的城市文化、城市形象的巨大提升作用。[2]

3.2　大剧院与城市建设

我国新中国成立后的剧院建设，基本上延续了20 世纪 30 年代大都市的建设路子，在繁华地带修复旧剧院或建设新剧场，务使人们在闹市区交通方便处集散。例如上海 1930 年建设的南京大戏院，位于大世界附近，新中国成立后改造为上海音乐厅；复兴中路上的文化广场及新中国成立前后建造的电影院、影剧院，都在繁华热闹地带。北京在王府井大街的首都剧场，广州火车站附近的友谊剧院遵循同样的选址原则。我国由外国建筑师设计的新一轮大剧院，也承袭了在市中心选址的传统，如 1998 年建成的上

[1] 引用自：钟睿，肖采薇，张玉龙. 关于珠三角地区剧场群调研的若干问题分析——文化部科技提升计划课题：中国剧场使用后评估（POE）体系研究报告之一. 建筑技艺，2013（06），页 37-38。

[2] 观点来源：钟睿，肖采薇，张玉龙. 关于珠三角地区剧场群调研的若干问题分析——文化部科技提升计划课题：中国剧场使用后评估（POE）体系研究报告之一. 建筑技艺，2013（06），页 39。

海大剧院，落成于人民广场，和市政府及城市规划展览馆，成为人民广场正中三位一体的建筑。上海大剧院充分利用了人民广场的交通和集散功能。上海建造的第一批地铁线，也在附近设站。

当上海大剧院于 1998 年建成之时，北京的国家大剧院正在紧锣密鼓地招标，国家大剧院的位置，早在 1958 年已经选定，即人民大会堂的西侧，3000人大剧院是强盛国家的标志性建筑之一，和人民大会堂、革命历史博物馆成一组。50 年后的 2007 年，国家大剧院终于建成，使得长安街由东往西，在天安门附近的几公里显得完整。

2009 年落成的重庆大剧院，两个剧场套接，全长 200 多米，坐落于重庆市区的江北嘴，这一地点面朝长江和嘉陵江的交汇处，本就是重庆的重镇，设计者在此地设计了平台层，平台上是两个剧场，平台本身则有零售、餐饮等商业内容，市民可以在平台上散步，瞭望嘉陵江景，城市道路从三面连接到剧场所在的平台。

囿于老城的路网、旧构和历史保护等多方面因素，大剧院动辄 100 多米长，在老城区内插入这种大型建筑的可能性较低。21 世纪，全国掀起新城建设热潮，在历史城市和成熟街区的外围，几 km² 到百余 km² 的成片征地，建立新区，彻底甩脱旧城区的桎梏，在新区里建立新路网格局和理想的新建筑。 如上海的浦东新区、杭州的钱江新城、苏州工业区、南京下关体育新城、广州的珠江新城、深圳福田新区、郑东新区、成都的三环城南新区等等。许多新区将大剧院、博物馆、图书馆放在一起，组成文化艺术中心，这往往也

是该城市最亮丽的脸面部位，如深圳和广州之间的东莞，本是制造业基地，在莞城新市中心，建起八大公共建筑；2006 年人口才 40 万的广东顺德，建起新城中心，大剧院、博物馆、图书馆和艺术宫俱全。即使像内蒙古鄂尔多斯新城康巴什，常住人口不到 10 万，在市中心中轴线的两边，建起了同样豪华的 "四大金刚"。

大剧院巨大的体量往往形成一片与城市交接的积极空间，如何对待这片环绕大剧院的空间，是城市设计和管理的重要挑战。没有公民社会的保障，公民建筑不仅难以出现，即使侥幸出世也注定无法存活。保罗·安德鲁创作国家大剧院时，曾诗意地幻想 "冬季的水池可以让孩子们在上面滑冰，而那些冰刀划出的优美弧线则成为地下透明通廊顶部不断变幻的抽象图案。"[1] 而最后实施的水池，为了防止上人，干脆设计了一套 "中央液态冷热源环境系统控制" 的水循环系统，确保其冬天永不结冰。那些在天空中自由滑行的孩子，就只能被永久埋葬在建筑师的梦想之中了。[2]

而我们也不能一味强调是管理部门一味地独断专行抹杀了这些大剧院周边空间的活力，笔者作为使用者在北京与深圳的一些音乐厅与大剧院的前导广场也经历了回购赠票与拍卖演出票的黄牛党们 "夹道欢迎"。下文的案例分析也将继续讨论这个问题。

[1] 观点来源：周庆琳主编 . 国家大剧院：设计卷 . 天津：天津大学出版社，2008 年，页 74。

[2] 引用自：周榕 . 被公民的中国建筑与被传媒的中国建筑奖 .Domus 国际中文版，2011 (050)，页 35。

3.3.　国外建筑师在中国的"大剧院"实践

1978 年我国改革开放引发的建筑革命,吸引大量海外设计公司,这些外国公司在中国的实践,构成了中国当代建筑不可或缺的图景。西方主要城市的音乐厅与大剧院多数经费拮据,而我国大剧院和其他文化建筑的争相上马,使得这类建筑成为设计竞赛的角力场。在成熟化市场浸淫多年的西方建筑师感受到了这种变化的冲击,义无反顾地加入东方的淘金热潮之中,与新世纪初刚刚开始接触大剧院这一类型的中国本土建筑师相比,西方建筑师具备相对丰富的类型经验,[1] 所以在这一轮的"大剧院建设热潮"中西方建筑师占据了主导地位。(如表 3.3 所示)

在我国大剧院热之前,西方世界的上一轮文化设施建设热潮源于 1980 年代法国总统密特朗执政期间的公共建筑建设,其中包括 1977 年在巴黎落成的蓬皮杜文化中心和 1983 年巴黎巴士底狱歌剧院的设计竞赛。而 1998 年时任法国总统希拉克(1980 年代巴黎市长)提出了"150 名中国建筑师在法国"的交流计划,此次交流活动聚集了我国一批中青年建筑师,培养了他们对法国建筑的感觉和情谊。[2] 虽然

时间先后并不一定代表因果关系,但不可否认是中法文化的交流,使中国建筑与城市规划的决策者在某种程度上认可了"法国方案",因此在 21 世纪的中国大剧院建设热潮中,法国设计师先拔头筹,从而导致对原汁原味的源自西方演艺建筑类型的认同,并且期待"大剧院"建筑可以在中国发挥同样的效用。

部分国外建筑师在中国的大剧院实践总结[3]　表 3.3

序号	建筑名称	设计机构
1	上海大剧院	法国夏氏建筑师事务所(夏邦杰)
2	山西大剧院	法国夏氏建筑师事务所(夏邦杰)
3	中国国家大剧院	法国机场设计公司(安德鲁)
4	上海东方艺术中心	法国机场设计公司(安德鲁)
5	苏州科技文化艺术中心	法国机场设计公司(安德鲁)
6	宁波大剧院	法国何斐德建筑设计公司
7	杭州大剧院	加拿大卡洛斯·奥特建筑师事务所
8	温州大剧院	加拿大卡洛斯·奥特建筑事务所与 PPA 建筑事务所
9	东莞大剧院	加拿大卡洛斯·奥特建筑事务所与 PPA 建筑事务所

---

[1]　笔者个人认为 1989 年的深圳大剧院才算得上真正意义上的第一座"现代化观演建筑"。

[2]　观点来源建筑时报.放眼长远　合作共赢——就"150 名中国建筑师在法国"项目采访法方负责人.http://www.abbs.com.cn/jzsb/read.php?cate=5&recid=13240.[检索日期:2015 年 7 月 30 日]。

[3]　表格作者自制,数据来源主要参考以下文献:
卢向东.中国剧场的大剧院时代.世界建筑,2011(01),页 113。
王悦.市场化经营下我国剧场的设计思路更新研究.北京:清华大学博士论文,2011,页 64。
薛求理.世界建筑在中国.香港:三联书店,2010,页 206-249。

续表

序号	建筑名称	设计机构
10	河南艺术中心	加拿大卡洛斯·奥特建筑事务所与 PPA 建筑事务所
11	江苏大剧院	英国扎哈·哈迪德事务所
12	广州歌剧院	英国扎哈·哈迪德事务所
13	成都新世纪当代艺术中心	英国扎哈·哈迪德事务所
14	青岛大剧院	德国冯·格康、玛格及合伙人建筑师事务所
15	天津滨海泰达剧院	德国冯·格康、玛格及合伙人建筑师事务所
16	重庆大剧院	德国冯·格康、玛格及合伙人建筑师事务所及上海华东建筑设计院
17	天津大剧院	德国冯·格康、玛格及合伙人建筑师事务所
18	上海文化广场艺术中心	美国的 BBB 建筑与城市规划事务所与上海现代设计集团
19	深圳市民中心音乐厅	日本矶崎新建筑师事务所
20	上海交响乐团音乐厅	上海矶崎新工作室与同济大学建筑设计研究院合作设计
21	无锡大剧院	芬兰萨米宁建筑事务所与上海建筑设计研究院合作
22	上海嘉定保利大剧院	日本安藤忠雄都市建筑研究所
23	呼和浩特内蒙古大剧院	日建设计

3.4. 案例分析

下面笔者通过分析 3 组"建筑设计机构－大剧院项目"案例，窥视考察国外建筑师在中国的大剧院设计实践，及这些文化项目对城市的作用。

3.4.1 河南艺术中心

加拿大建筑师卡洛斯·奥特（Carlos Ott）于1983年参加法国巴黎巴士底歌剧院的国际设计竞赛，从744名竞争对手中脱颖而出，成为了进入复赛的3位选手之一[1]，并且被时任法国总统的弗朗索瓦·密特朗选定为最后的赢家。从1997年，奥特开始应邀参加江苏歌剧院项目竞赛，之后陆续参加了北京国家大剧院、杭州大剧院等竞赛，在杭州、温州、郑州与东莞四地的大剧院项目建筑设计竞赛中折桂，他和加拿大伙伴 PPA（Petroff Partnership Architects）与中国配合团队的紧密合作中，4座大剧院在新千年之后陆续建成。

卡洛斯·奥特的成名作是巴士底歌剧院，其建于20世纪80年代的法国巴黎，当时对现代主义的反思思潮盛行，加之大剧院所处区域的敏感性，从某种

[1] 其中另一位入围复赛的选手是香港著名的建筑师严迅奇，他的方案在巴黎巴士底歌剧院设计竞赛中被评为一等奖。观点来源：M+ 博物馆展品介绍中提到"早于1983年，他（严迅奇）参赛的巴黎巴士底歌剧院国际竞赛方案，获得一等奖" http://www.westkowloon.hk/tc/the-authority/committees/museum-committee/people/mr-rocco-yim-sen-kee-bbs-jp-mr-rocco-yim-sen-kee-bbs-jp/page/17[检索日期：2015 年 8 月 10 日].

程度上而言该建筑基地（巴士底）的意义要远大于工程（歌剧院）的意义。所以奥特先生在设计时以周边传统城市空间为依据，试图将歌剧院的巨大体量消隐于保留着法国大革命时期面貌的周边环境之中，所以设计师并没有重复旧时代歌剧院封闭，自我完整的形象，而是努力拉低建筑的身段，与周边城市的零散小空间和穿插的街道找关系。所以巴士底歌剧院使用的是平衡的策略，既要强调现代化歌剧院的先进性与国家级歌剧院的至高等级，还要兼顾传统街区的文脉与所处环境的历史传承。与之相对的，在中国的语境之下，作为一个建筑类型的补缺，决策者对于新建大剧院提升城市基础设施等级的关注（解决有没有的问题）要远远大于对大剧院本身功能性的需求（解决大剧院好不好用的问题），所以对于设计师而言大剧院巨大体量的形式塑造变成了第一要务。考虑到本书涉及城市的地理性，我们选取河南艺术中心作为案例。

卡洛斯·奥特（Carlos Ott）在中国的大剧院项目统计 [1]　表3.4

项目名称	中标	投入使用	建筑面积	大剧院（大）	音乐厅（中）	多功能剧场（小）	附注
杭州大剧院	1999	2006	55,000m²	1600座	600座	400座	有露天剧场
温州大剧院	2001	2009	33,000m²	1500座	664座	150座	

续表

项目名称	中标	投入使用	建筑面积	大剧院（大）	音乐厅（中）	多功能剧场（小）	附注
东莞玉兰大剧院	2002	2006	30,000m²	1600座		400座	
河南艺术中心	2003	2008	63,000m²	1860座	802座	384座	另有美术馆和艺术馆

郑东新区位于郑州老城区东部，是以迁建的原郑州机场为起步区，以国家经济技术开发区为基础，西起老107国道，东至京珠高速公路，南自机场高速公路，北至连霍高速公路，远期规划总面积约150km²，比郑州目前133.2km²的老市区面积更大。由中央商务区、龙湖地区、商住物流区、龙子湖科技园区和经济技术开发区等六大功能组团组成。　郑东新区的中央商务区，是直径1000m的圆环，圆环的中间为人工挖掘的龙湖；圆环外，是几圈放射形的道路，划分出30几个地块，里圈为住宅，高80m；外圈为办公楼，高120m。人工湖边，有黑川事务所设计的郑州会议展览中心和水边280m高的会展宾馆，这个被称作"老玉米"的郑东新区标志，由上海绿地集团投资，美国SOM事务所设计。

卡洛斯·奥特所设计的河南艺术中心位于郑州市郑东新区CBD中心湖西南侧，该建筑所呈现的突出视觉意象是一个曲线和动态结构，特殊的建筑形体暗示了建筑内的展览、音乐和戏剧活动等文化艺术的时代特征。雕塑感强烈的建筑群组在中央商务区的中间，也显得格外突出和活跃。河南艺术中心于2008年完工，2009年投

[1] 数据来源：Carlos Ott建筑事务所官网，http://200.124.205.106/ott/otthome.html［检索日期：2015年7月30日］。

入使用。该中心随着郑东新区的兴衰而行，随着河南本地人民对郑东新区的认识，周末有较多市民到新区中心的公园玩耍，艺术中心也开始举办更多的活动。

艺术中心的主要功能包含大剧场、音乐厅、多功能厅、美术馆、艺术馆。在平面上以垂直湖岸切线为中心轴，将剧场等五大功能安置于5个椭圆形的球体建筑中，两组呈现黄河曲线与动态意向的弧形"艺术墙"将5个功能分为南北两个区域，北侧为演艺性质的3个功能等同于中国标准的省级大剧院的配置，南侧为艺术展示性质的2个功能椭球；这种类似"对偶"的手法将南北两侧归纳为较为活跃的演艺活动区块与较为静谧的观展活动区块，动静区域各有一个共享大厅组织交通。交通楼座临湖一侧设了音乐喷泉也成为了建筑外部的视觉焦点，6m高的室外大台阶成为天然的舞台，让游人可以在此向外欣赏中心湖美景；也可以向内安坐观赏露天表演。

筑的造型设计受到了河南出土的6500年前古代陶埙乐器形象的启发，连接各个功能块的玻璃片墙造型来源自嵩山世界地质公园，总图整体的曲线造型则是对孕育中原文明的黄河的隐喻，所以作者可以根据这一逻辑想象建筑师试图描绘的大剧院场景为"黄河巨浪冲刷着岩石质感的河滩，露出了5个来自远古的陶埙……"这样的场景就像一期精心制作出来的《国家地理杂志》，如果将其中的地理名词与乐器置换，他可以为观众量产出任何文化背景的场景，例如描述多瑙河畔的游船或是描绘尼罗河畔的渔夫，这样的场景面面俱到唯独缺少中华文化的古意，骨子里的含蓄感受会告诉我，如果要一个中国的文人讲述音乐的故事，他是不会着重讨论乐器的。

[图 3.1] 河南艺术中心与郑州会议展览中心
（作者自摄，后期处理）

[图 3.2] 河南艺术中心夜景[2]

在建筑的造型上，奥特先生试图对地域性有所回应，结合相关的文献描述[1]，5个椭圆形的球体建

[1] 观点来源：曲全岳．对比·统一·地域性——解读河南艺术中心的设计构思．建筑，2010（19），页5。

[2] 图片来源：于一平．与蝶共舞——河南艺术中心建筑设计．建筑学报，2009（10），页68。

从奥特先生在中国的四个大剧院实践可以看出，他的设计策略与早前巴士底歌剧院设计路数大相径庭，即为通过"应物象形"的手法为他的作品造型赋予一种具象的比喻。在其网站的介绍中，也习惯使用"芭蕾舞女演员的舞姿"、"古代乐器陶埙"、"金黄色的鲤鱼"[1] 这类文学语汇而非传统的建筑术语来专门描述中国的大剧院方案，这种特例是非常值得我们思考的，外国建筑师在改造中国的城市同时，又何尝不是被中国的市场喜好所改变。

3.4.2　山西大剧院

夏邦杰（Jean-Marie Charpentier, 1939-2010）是中国这一轮大剧院热中第一个作品——上海人民广场上的上海大剧院的设计者，也是中国文化建筑和欧洲建筑师在中国的先行者。该公司在中国完成 3 个大剧院的项目。上海大剧院完成早，讨论也比较多；忻州大剧院的设计则可能没有夏先生的参与。除以上因素外，考虑到太原是山西的省会，在本书其他章节中也未有提及，故我们选取山西大剧院作为案例。

法国夏氏建筑师事务所（夏邦杰）

大剧院项目统计 [2]　　　　　表 3.5

项目名称	中标	投入使用	建筑面积	大剧院（大）	音乐厅（中）	多功能剧场（小）	附注
上海大剧院	1994	1998	63,000m²	1800 座	600 座	300 座	2013-14 重修
山西大剧院	2008	2012	75,000m²	1628 座	1170 座	458 座	
忻州大剧院		在建	73,000m²				

上海大剧院与南京路步行街的设计者夏邦杰先生，不但是一个在中国取得成就的法国建筑师代表，更是一个全盘接受"在地化"改造的建筑师，1984 年由法国建筑研究院组织并举办了两个重要的中法专题研讨会，从此开始了法国建筑师与上海市政府的合作，夏邦杰正是作为其中的一员首次来到中国。1994 年他迎来人生重要的时刻：在浦东展览中心（未实施）设计竞赛获得认可后，他在 5 月赢得了"上海大剧院"项目[3]，这一作品的完成为他之后的事业开辟了道路，使得他以及更多的法国建筑师可以在上海获得参与其他大型城市设施设计的机会，并逐渐向中国其他城市扩展。终于在 2004 年，夏邦杰直接在上海苏州河畔安家。夏邦杰设计事务所巴黎总部

---

[1] 观点来源：Carlos Ott 建筑事务所官网，http://200. 124.205.106/ott/otthome.html［检索日期：2015 年 7 月 30 日］在方案介绍其中常常出现 "Like the gracious movements of a ballerina or the arm gestures of an orchestra. "A pearl in it's oyster's shell" inspired by a golden fish in a water" 这类文学性拟物描述，成为了 Carlos Ott 的一大特色。

[2] 数据来源：笔者对夏氏建筑师事务所官网资料归纳 http://www.arte-charpentier.com.cn/［检 索 日 期：2015 年 7 月 30 日］。

[3] 观点来源：皮埃尔·克雷蒙，李天，Victor Clement. 法国与中国 1954-2014 以建筑为联结的纽带. 建筑创作，2014（03），页 20-27。

与上海分支机构的设计师时有往来，这样既保证了设计的原创性，又确保了工程信息的有效搜集沟通与工作有效的开展，夏邦杰的事业与上海这个城市紧紧相连，"事务所的营业额中有15%来自上海，这个份额今后还有望增加，"夏邦杰说。[1] 在上海大剧院之后，夏邦杰事务所又赢得了山西大剧院的设计。

　　本文研究的案例太原长风文化岛，其位于太原市的母亲河汾河西岸的"长风文化商务区"内，是太原"南移西进、北展东扩"空间发展战略中南部的重要空间节点[2]，2002-2007 年完成规划方案征集、评审与优化，方案也是由山西大剧院的设计机构"夏邦杰建筑设计咨询（上海）有限公司"参与设计的，2010 年完成工程建设，承担了 2011 年的中博会部分活动，并在 2012 年逐步全面对外开放。作为文化岛最重要的建筑，山西大剧院的筹备始于 1982 年，远远早于"长风文化商务区"，[3] 但过程颇为坎坷，甚至原计划安放大剧院的基地也以"招商引资"为理由被挪作他用，筹备处办公地点几近变迁，惨淡经营筹措资金。[4] 直到以"彻底改变山西省举办国际级重大会议的接待能力，填补我省尚没有大剧院、音

乐厅和美术馆的空白，在完善城市功能、改善城市形象、提升城市品位、增强省城太原集聚辐射效应和综合承载能力等方面发挥极大作用"为目标的"山西十大建筑"项目提出，一直处于搁置状态的山西省大剧院项目才迎来了转机，并最终在项目提出的30 年之后让大剧院作为长风文化岛文化综合体的一部分得以实现。

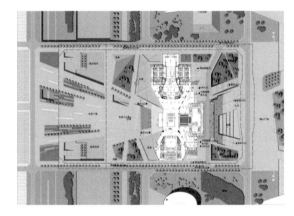

[图 3.3] 山西省大剧院首层平面，显示了大剧院与东西广场的空间关系 [5]

　　作为山西十大建筑工程之一，也是山西省历史上规模最大、投资最高、设备最为齐全的观演类型建筑，2008 年 8 月奠基，2011 年 12 月竣工的山西省大剧院以其宏大的体量与居中的位置明确地彰显其核心地位。项目占地面积约 5.3hm²，总建筑面积7.3 万 m²，总投资 7.9 亿元。主要包括 1628 座主剧场、1170 座音乐厅和 458 座小剧场及排练厅、琴房、

[1]　数据来源：吴新．夏邦杰．"全盘中化"的法国建筑师．中华建筑报，2009 年 8 月 15 日，页 6．

[2]　观点来源：太原市规划委员会．太原市城市总体规划（2008-2020）专题研究　上．太原：山西人民出版社，2009 年，页 68．

[3]　观点来源：尚晋生．山西大剧院，你在哪里？．山西日报，2002 年 2 月 4 日，页 B04．其中提到"1982 年 3 月，为改变省城文化基础设施落后状况，省文化厅向省计委打报告申请，希望能在太原市新建一座体现时代风貌、功能齐全、设备先进的剧场"．

[4]　观点来源：《山西大剧院筹建处大事记》．

[5]　图片来源：周雯怡，皮埃尔·向博荣，孙宏亮，赖祥斌，宋扬，冯一秦．山西大剧院——汾河之畔的艺术之门和城市舞台．建筑技艺，2012（04），页 94-99．

演播室、展台休息厅、化妆间、道具服装间等主要功能用房。可以满足大型歌剧、舞剧（包括芭蕾舞）、戏剧、大型魔术、杂技、大型综艺演出、大型交响乐、民族乐、室内乐演出需要。设计师并没有选择夸张的造型，在这一视觉焦点上面过度搔首弄姿，而是通过一个门式的造型简明洗练地将北侧的大剧场和南侧音乐厅两个独立体量进行整合，创造一个既满足了城市景观长廊末端的通透延续需求，又创造"框景"的手法，将西段的远山与东侧的滨河景观收入大剧院的景色之中，成功对建筑城市边界与视觉效果进行控制。半围合的建筑也可以结合玻璃幕墙为建筑营造更为丰富的层次，使得市民可以尽情沉浸在宏大建筑体量与汾河自然景观交织这种既统一又丰富的文化场所氛围之中。

[图 3.4] 山西省大剧院外观

承托门式建筑体量的，是延伸到汾河和绿岛的观景平台，东西两侧的台阶连接高差，拾阶而上可以渲染文化场所独特的气氛，西侧的台阶与硬质铺地的市政礼仪广场相连，营造了一条庄严的轴心，也为举办城市广场活动提供了更多可能性，比如电影节红毯走秀等，此时反而大剧院的门框成为了新

的舞台背景，仿佛表演已从舞台走进门式框架下灰空间平台，再顺着台阶走向城市：穿梭于其中的公众，大家相互观望，既是观众，又是演员；但也有访问者觉得这个广场空间略微空旷的，围合欠缺的广场对建筑场地的管理与活动运行都提出了较为严苛的要求。相比西侧的礼仪广场——大台阶，东侧台阶与跌落水池和绿岛相连，手法运用轻松、尺度相宜。此外值得一提的还有大剧院平台之下除了售票、纪念品商店等一干后勤设施之外，还布置了停车场与类型丰富的商业空间，这对大剧院未来的经济健康运行是有促进作用的，也是对周边为应付剧场瞬间车流高峰而高标准布置的交通基础设施资源的合理利用。

大剧院的核心功能空间：歌剧院与音乐厅在声学、视线设计与功能规划上都有严格的规范与要求，同时功能空间下进行的演出类型需求也直接影响大剧院的建筑呈现，但作为山西省第一个高等级观演建筑，在设计的前期工作沟通中，甲方也没有完成对未来具体经营和管理运营模式进行充分的准备工作[1]，所以依然像之前"河南艺术中心"中所讨论的一样，山西大剧院最终定位为多功能和专业性兼顾，选择了中国大剧院建筑的标准配置："大剧场、音乐

[1] 观点来源：周雯怡，皮埃尔·向博荣，孙宏亮，赖祥斌，宋扬，冯一秦．山西大剧院——汾河之畔的艺术之门和城市舞台．建筑技艺，2012（04）页 95．
其中提到"记得设计初期，我们的法国设计专家曾询问甲方未来的山西大剧院里是否有长驻的歌舞团、是否需要在剧院里创作剧目等，因为这些都将直接影响到剧院的功能布局。而中国的许多大剧院在建设初期尚未确定未来的具体经营和管理单位，所以许多问题无法给出答案，这些都成为设计的难点。"

厅和多功能小剧场三大观演空间",对建筑师提出了"在满足歌舞演出的同时,还要充分考虑大型行政会议等功能的要求"。除了 1628 座主剧场、1170 座音乐厅和 458 座小剧场,该组建筑还包括了排练厅、琴房、演播室、展台休息厅、化妆间、道具服装间等主要功能空间。[1]

3.4.3　重庆大剧院

20 世纪 90 年代时,欧洲建筑师逐渐来到中国,而德国 gmp 冯·格康、玛格及合伙人建筑师事务所更是其中的佼佼者,从 1998 年为德国客户的项目"北京德国学校"起步,gmp 开始了在中国建筑市场的征程。从 2000 到 2013 年,gmp 在中国已经设计了 150 多个项目,其中 80 多个已经建成。包括天安门广场上的国家博物馆、高铁车站、体育场馆、博物馆、众多重要地段上的办公楼和 3 个大剧院。除了中国的项目之外,gmp 在中东、南美、南非和欧洲都有建造项目。该公司以坚实的技术基础和简洁理性处理各地的各类建筑。在自由形式(free form)横行的岁月里,他们不随波逐流,以技术和理性赢得项目和使用者的尊敬[2]。根据本书关于中国城市的分别叙述,我们选取重庆大剧院为例。

德国 gmp 事务所大剧院项目统计 [3]　　表 3.6

项目名称	中标	投入使用	建筑面积	大剧院(大)	音乐厅(中)	多功能剧场(小)	附注
重庆大剧院	2005	2009	100,000m²	1744 座(+88)	873 座(+65)		
青岛大剧院	2004	2010	60,000m²	1600 座	1200 座	400 座	
天津大剧院	2008	2012	105,000m²	1600 座	1200 座	400 座	

重庆大剧院矗立在长江上游的尖岬上与两江汇流的著名景点朝天门隔江相望。大剧院和音乐厅舞台对接,全长 240m,宽 103m,舞台高点近 50m,站立在临江的平台上。两个表演场所的舞台对接,使得设备有可能共享。两个表演场所的门厅,一个对江,一个对半岛内的城市,门厅和之上的层层楼梯,与临江的平台,都产生对话作用。

按照之前归纳的惯例,重庆大剧院被比喻为一艘正要驶出千年码头的玻璃"巨轮",在相关文献描述中,总设计师冯·格康曾经分享其阅读重庆这座美丽山城的体验:在大剧院所处的基地古码头前观赏长江上往来如织的游船联想到历史上这里"孤帆远影"的景色。所以我们可以把大剧院设计成"巨轮"的造型,寓意从过去的古码头驶向未来。"以从远处看像极一个巨大的棱角分明的岩石堆,屹立在两江交汇处。冯·格康说,这些'岩石'代表着山城自身的

[1]　数据来源:笔者对夏氏建筑师事务所官网项目设计说明资料归纳 http://www.arte-charpentier.com.cn/[检索日期:2015 年 8 月 1 日]。

[2]　关于 gmp 的主张和大剧院的设计,请参考薛求理.德国种子,中国开花——gmp 合伙人访谈.城市·环境·设计,2013 (07),页,56-63。

[3]　数据来源:笔者对 gmp 建筑师事务所官网资料归纳 http://www.gmp-architekten.com/[检索日期:2015 年 8 月 1 日]。

特点，而那些硬朗、简洁、有条理的线条，也符合了重庆人直爽、刚毅的性格。"[1]

[图 3.5] 重庆大剧院所处江岸夜景 [2]

但笔者认为"巨轮"与"岩石"为大剧院赋予了美丽动人的传说，但是对真正理解其建筑理念其实并没有多大的帮助，在阐述中国的建筑实践的时候，冯·格康同样提到了"谈话时人们经常使用隐喻性的语言，这保证了极为融洽的交流气氛，但语带双关、意在言外的表达方式一直以来都是我们理解上的巨大障碍，这种中国式交谈的精妙技巧和策略我们一直都没能够掌握。"[3] 所以我们其实仅仅理解为"建筑师强调建筑的雕塑感"就足以完成这项设计。

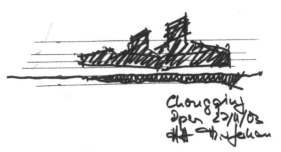

[图 3.6]2003 年概念手绘草图 [4]

所以笔者认为比喻性描述在分析建筑本初设计时有因果倒置的危险，如果分析冯·格康早期的草图（图 3.6），他关注的重点其实是与江岸水景的互动关系，以及几个层次之间的造型，至于是"巨轮"还是岩石堆的造型推敲恐怕是在下一个抛光层级才会考量的问题。所以建筑师在这个大剧院想真正表达的其实是如何在水边创作一个超现实的环境，让人们可以摆脱日常琐事的生活，来到一个特别的地方观看一场杰出的戏剧。

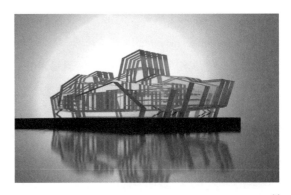

[图 3.7] 重庆大剧院设计概念模型 [5]

[1]　观点来源：渡江. 千年码头上的艺术殿堂——重庆大剧院. 中华民居，2008（01），页 86。

[2]　图片来源：gmp 公司提供，Heiner Leiska ©.

[3]　引用来源：曼哈德·冯·格康著，方小诗译. 从欧洲到中国. 新建筑，2012（03），页 54—58。

[4]　图片来源：gmp 公司提供，Meinhard von Gerkan ©.

[5]　图片来源：gmp 公司提供，Modellbau Werner ©.

[图 3.8] 重庆大剧院玻璃片墙单元所形成的典型室内场景 [1]

帮助建筑师实现这个目标的是光线，由于十分靠近水，"大剧院"似乎漂浮在长江的上空。石头材质的平台支撑着这个釉面玻璃雕塑品，让光线在水面 - 石材 - 玻璃上形成强烈的对比。而透明的建筑肌理使得大剧院呈现一种光的超现实的光怪绮丽的反射，从而创造了一个现实和虚构的诗般的作品，恰似大剧院的梦幻世界。而正是由于这种肌理，使得重庆大剧院不用考虑常规的实体墙面与虚的窗门所构成的传统建筑立面，而白天阳光天光，夜晚的灯光将云彩与水面在多层玻璃墙上折射，使得大剧院硬朗的造型在动感的光线下不断变幻身姿。此外并排的玻璃墙又细分为两种材质，通透的材质用于连接室内与室外的视线，达到内外沟通的效果；半透明的材质用于强调私密的室内空间或者舞台台塔的遮蔽。

重庆大剧院底层平面和立面看上去有些随意轻松的海上氛围，但是它们能满足严格的功能要求。两个音乐厅有各自的休息室，位于纵轴线上，纵轴

线类似于船的"龙骨线"，如此，在船头和船尾形成入口区。在中央，换句话说，在这两个入口区域的"船中央"是展览厅，它把剧院的所有休息室都连接起来。各种各样的演出和活动可以同时进行，互不干扰。[2] 重庆大剧院最早的想法，是嘉陵江和长江交汇处的一艘水晶船，建成时初步达到这样的效果。室内的声学效果在德国 Müller BBM 的调制后，趋于完美。建成后，市政府和业主做城市的灯光亮化和升级改造工程，宁静的照明成了五颜六色，新的 LED 显示屏，播放各种文字和图片，成为重庆最大最显眼的广告屏，大剧院增加了收入，也渐渐为老百姓喜闻乐见。

3.5. 结论：大剧院在中国

本文简要梳理了 21 世纪初以来，中国大剧院及文化设施建设的热潮，分析了这些大剧院的组成功能、设计特征、营运模式和在中国的特殊问题。本书的着眼点是 21 世纪中国城市设计和"造城运动"中出现的新现象，而大剧院则鲜明地代表了这一时期的城市现象，外国建筑师的大幅度参与，使中国城市运动，烙上了当代世界多元文化的特征。本文

---

[1] 图片来源：gmp 公司提供，Hans-Georg Esch ©.

[2] 数据资料与观点来源：GMP 官网 http://www.gmp-architects.cn/projekte/grand-theater.html?tx_gmpprojects_pi1％5BuseFilter％5D=1&tx_gmpprojects_pi1％5Bfilter_tx_gmpprojects_typology％5D％5B0％5D=59&tx_gmpprojects_pi1％5Bfilter_tx_gmpprojects_country％5D％5B0％5D=3，[检索日期：2015 年 7 月 28 日]。

选取的实例，代表了不同设计师对待中国和个别城市的策略及各地不同城市的条件。 综合上文的叙述分析，并结合我们对此一专题的思考，特提出中国大剧院现象的以下要点。

3.5.1 大剧院热是中国造城运动和"大跃进"的缩影

历史上的艺术名城，如古希腊的雅典、文艺复兴的意大利佛罗伦萨、17 世纪的荷兰、19 世纪的巴黎、20 世纪的伦敦和纽约，都同时是经济高度发达之邦。在经济的促进下，形成了艺术的繁荣和高峰。而这些城市的艺术作品加上博物馆和歌剧院，也成了这些名城不可或缺的财富。改革开放 30 多年来，我国的经济持续增长，其速率远超西方和世界的平均水平。当改革开放的财富累积了 20 年后，21 世纪的文化设施建设基本上是水到渠成、喷薄而出，有一定的经济基础，当然也有超前的例子。

和欧美城市之间的竞争类似，中国在经历迅猛城市化的历程中，各城市之间也在进行着激烈的竞争，这包括沪港台之间、北上广深等一线或沿海城市之间的竞争，也包括省会城市、中原地区间城市的竞争，如武汉和郑州，杭州和南京，重庆和成都，太原和石家庄等。这既是经济、资本和资源的竞争，也是官员政绩的比拼。在这些城市的竞争中，文化（新）区的建设既是看得见的城市基础硬件，又是文化软实力的体现。各地省会城市原先都具备一般的表演场所，21 世纪来临后的建设大潮中，表演艺术中心纷纷升级换代。目前我们所见的外国建筑师的

设计作品，都是这一轮升级换代产品。由于在建设中争先创造大而全的设施，使得一些中小城市有了不合比例的大剧院。一些大城市的大剧院尚能经常有剧目上演，而中小城市的大剧院多数冷清空场，为地方财政带来负担。本文所述实例，已经部分触及了这一问题。

3.5.2 海外建筑设计，是中国决策方操纵的结果

由于各地城市的竞争，文化建筑特别是大剧院建筑成了各城市的"名片"或可视为文化区皇冠上的明珠。既然是明珠，邀请世界顶尖的设计事务所来投标竞赛，获得优秀的设计，无可厚非。公开竞赛总好过关起门来闭门造车，自称老大。在网络、信息和消费的时代，形象压倒功能，立面压倒平面剖面，透视图压倒实际建设，神奇传说比实事求是更为重要，因此设计竞赛者纷纷追求怪诞或激烈的形式，并冠之以决策者喜欢听的描述，而罔顾形式的合理、平面的顺畅、造价的节约和运营费用的减省。西方的经济、文化艺术或大剧院建设比中国先行一步，各路外国大师纷纷被请到中国献艺。有的设计师丢弃在本国奉行的经济理性和环境本土原则，转而揣摩中国决策者的胃口，寄望以奇特手法、怪诞设计突围而出。因此看似热闹的各种方案，其实是按中国决策者口味调制，最后选取实施的也多是奇形怪状加上些似是而非描述的方案。这类方案有些违背结构、技术、设备和施工原则，导致造价和未来的维护运营费用飞升。而那种一时引起的快感，

在一段时间后，成为建筑设计不成熟的笑柄。这样的建筑一而再、再而三地在我国建造起来，则说明了管理者和决策者的不成熟。

3.5.3 文化设施建设的地方和地域性

我国幅员辽阔，东西南北中有不同的地理、气候、经济、社会条件和文化习俗。各地方的城市化进程也不相同。文化设施建设应该根据各地的需要，因地制宜。文化设施和大剧院建筑的建造给地方提升环境和文化水平创造了条件。各地方应充分利用建设的契机，创造根植于本地条件的合适建筑，并使文化建筑充分为市民服务。大剧院的教化功能，传统上只对买得起票的人起作用，如能充分运用大剧院室内外的公共空间，促进城市社区的生活和活力，让纳税人的金钱用得其所，大剧院则能发挥出城市明珠和引领文化的作用。本文所述实例，如重庆大剧院、山西大剧院和河南艺术中心，部分实现了向公众开放艺术空间的功能，在市中心和新区起到良好作用。

3.5.4 大剧院与中国城市升级的路径选择？

从积极的角度来看，对大剧院建设的集中讨论也是现代中国大众参与评论公共建筑的开端。在此之前国民大多是单方面接受固定的建筑评价，如辉煌的宫殿、蜿蜒的长城，雄伟的大会堂，宽阔的广场与高耸的大厦……但是大剧院的出现改变了这一切：与以往的政府推动涉及国家尊严的公共建筑相比，文化类建筑话题范围广阔且政治敏锐性较弱；与

市场经济所推动的高层建筑相比，文化建筑又受到较少的结构制约而得以创造更为丰富的造型。所以大剧院是一个恰当的公共讨论样本，在以大剧院为代表的大型建筑建设热潮开始后，公众慢慢参与了这场全面而又彻底的建筑讨论，并且最终会逐渐形成自己的审美体系；政府也开始懂得利用大型工程的建设展示自己的姿态：当一个完全不同的建筑出现在一片传统的区域时，必然有着里程碑一般的意义。经过几年大规模的建设，城市的管理部门也早已懂得通过一座大剧院的兴建释放特殊的信息：或是开放的姿态谋求全世界的智慧建设自己的国家和城市，或是积极塑造时代的奇观振奋士气增进国民对现代中华文明的自豪与认同感。

而本着全面的态度来看，我们国家近几年将大型建筑放到了城市建设中相当高的地位，并且将这种观点自上而下贯彻全民，形成了雁行的建设热潮：首都努力建设国家级的大型建筑；省会城市根据国家级的大型设施标准推行自己省级相应建筑的建设；一般城市也对照着"现代城市"的配套设施标准查漏补缺。当全民都在讨论大剧院，大的展会建筑时，就会不可避免的忽视城市与市民对其他类型建筑的需求与弱势区域的平衡发展。毕竟大规模城市建设的机遇可遇不可求，就像现在的巴黎已经无法承担1980年代那样规模的建设，在选择自上而下快速推进城市化的时候，慎重地考量这样建设付出的机会成本往往会做出更为理性的选择。

（本文是香港特别行政区研究资助局资助项目，CityU 11658816 的一部分。）

参考文献

[1] 程翌.多维视角下的当代演艺建筑 [M].北京：中国建筑工业出版社，2015 年.

[2] 梁露.浅谈"应物象形"[J].美术教育研究，2012（08），页 17。

[3] 卢向东.中国剧场的大剧院时代 [J].世界建筑，2011（01），页 113.

[4] 太原市规划委员会.太原市城市总体规划（2008-2020）专题研究 上 [M].太原：山西人民出版社，2009，页 68.

[5] 王悦.市场化经营下我国剧场的设计思路更新研究 [D].北京：清华大学博士论文，2011，页 64.

[6] 薛求理.全球化冲击：海外建筑设计在中国 [M].上海：同济大学出版社，2006 年.

[7] 薛求理.世界建筑在中国 [M].香港：三联书店，2010.

[8] 薛求理.输入海外建筑 30 年 [J].建筑学报，2009（05），页 69-72.

[9] 钟睿，肖采薇，张玉龙.关于珠三角地区剧场群调研的若干问题分析——文化部科技提升计划课题：中国剧场使用后评估（POE）体系研究报告之一 [J].建筑技艺，2013（06），页 37-38.

[10] 周庆琳主编.国家大剧院：设计卷 [M].天津：天津大学出版社，2008 年.

[11] Denison, Edward and Guang, Yu Ren. *Modernism in China: architectural visions and revolution*.Chichester, England ；Hoboken, NJ：John Wiley, 2008.

[12] Dubrau, Christian. *Contemporary architecture in China: buildings and projects 2000-2020, preface by Arno Sighart Schmid*. Berlin: DOM publishers, 2010.

[13] Klingmann, Anna. *Brandscapes: architecture in the experience economy*. Cambridge and London: MIT Press, 2007 , pp. 68-88.

[14] Roy, Ananya and Aihwa Ong（, eds）. *Worlding Cities: Asian experiments and the art of being global*. Chichester: Blackwell Publishing, 2011.

[15] Wang, Jun and Li Shaojun. *The Rhetoric and Reality of Culture-led Urban Regeneration: A Comparison of Beijing and Shanghai, China*. New York: Nova Science Publishers, 2011.

[16] Xue, Charlie Q. L. *Building a Revolution: Chinese Architecture Since 1980*. Hong Kong: Hong Kong University Press, 2006.

第二部分

都市新生活

- ・购物中心
- ・住宅社区
- ・保障房

第 04 章
消费天堂：集中式购物商场

臧　鹏

[图 4.0] 广州太古汇

社会上的消费风气已渗透我们生活的每一寸空间……购物商场在为都市创造工作机会和收入、吸引居民和游客方面所获得的巨大城功，以及它为都市环境所添加的魅力，令它成为都市优越、刺激、繁荣的象征。[1]

——玛格丽特·克劳馥

中国直至 20 世纪 90 年代中期才出现真正意义上的购物中心，自此开始了大规模的建设与发展。实际上，发展浪潮导致大城市间如北京，上海，广州和深圳间的竞争，竞相建设中国乃至亚洲最大的购物中心。其他城市也热烈欢迎外资建造购物中心以提升城市形象。而缺乏有效的规划和透明的机制导致不理性的发展模式，缺乏专业的发展商和业界相关人才使得购物中心的成长与成熟十分困难[2]。2014 年共有 3900 万 m² 的购物中心在世界各大城市建设，比 2013 年增加了 300 万 m²。研究表明，中国仍然是最大的零售业建设地，居于榜首的十个大城市中有八个在中国。上海以 330 万 m² 正在建设的面积居第一，大于整个欧洲除俄罗斯和土耳其之外的 86 个城市的总建设量。紧随上海的为成都 320 万 m²，深圳 270 万 m²，天津 250 万 m²。其他的为伊斯坦堡，武汉，莫斯科，北京，南京和广州。而至 2012 年底建成的商场面积，前十的城市中有九个在中国。成都，建成 7 个购物中心总面积超过 100 万 m²。天津以 64 万 m² 位居第二，上海，重庆，深圳紧随其后，其他的为杭州，北京，伊斯坦堡，武汉和沈阳[3]。

优秀的商场设计包括诸多因素。从整体出发，充分考虑空间的布局，合理把握好功能分区，色彩搭配，组织好合理的交通流线。空间句法等研究方法证明视线的设计也对商店的排布至关重要。另外设计师应特别注意由于功能综合而出现的多种流线、多向进出口、内外交通连接、大量集聚人流、疏散的安全性等问题。商场内部空间的营造不仅仅影响着消费与业绩，也对市民的公共活动产生着至关重要的影响。购物空间的组织可分为沿墙式，环岛式，规矩式，中心式，斜向式和自由式。视线的可达性，交通的流畅性，有否设置中庭，采光、通风、照明及室内外景观的设计等等，这些因素均影响着商场的形象，同时也影响着人气的汇聚。

城市中心地理论对理解商业集聚至关重要。最有代表性的人物是瓦尔特·克里斯塔勒（Walter Christaller）。该理论认为，城市的基本功能是作为其腹地的服务中心，为其腹地提供中心性商品和服务，如零售、批发、金融、企业、管理、行政、专业服务、文教、娱乐等。由于这些中心性商品和服务以其特性可分为若干档次，因而可按其提供商品和服务的档次划分成若干等级，各中心地之间构成

[1] Margaret Crawford, The World in a Shopping Mall in Michael Sorkin (ed), 'Variations on a Theme Park: The New American City and the End of Public Space' (New York: The Noonday Press, 1992).

[2] China Dominated New Development of Shopping Centre in 2013 and Has the Largest Pipeline, CBRE Releases Shopping Centre Development — The Most Active Cities Globally.

[3] Shuguang Wang, Yongchang Zhang, and Yuanfei Wang, Opportunities and Challenges of Shopping Centre Development in China: A Case Study of Shanghai.

一个有规则的层次关系。该理论还认为，区域有中心，中心有等级。区域聚集的结果是结节中心，即中心地出现。服务是中心地的基本职能，服务业处在不同的中心地。中心地的重要性不同高级中心地提供大量的和高级的商品和服务，而低级的中心地则只能提供少量的、低级的商品和服务。我们根据中心地理论作进一步分析，不同区域会形成不同的商业集聚。比如，存在城市商业集聚区、区域商业集聚区及社区商业集聚区等。香港的地铁，几乎每站都是连接着商场，住宅区，或者办公楼等等，称为 TOD（transit- oriented development）模式。而大陆地区的规划却不尽如是，有的商场位于市中心，由地铁或其他公共交通系统联通，有的商场单独位于偏远的郊区。新型商场不仅仅是提供商品和服务的场所。除了购物消费之外，有的大型商场的设计结合广场、屋顶花园等等，为公众提供活动空间；由知名建筑师设计的大型商场，逐渐成为一个城市的标志；再比如连锁式的大型卖场等等，均为打造城市新形象，创造新购物形式及购物体验提供可能。

娱乐、商贸活动和文化欣赏于一身。太古汇总建筑面积逾 35.8 万 m²，位于天河中央商务区核心地段，由世界知名的建筑公司 Arquitectonica 设计，并由太古地产管理。整个项目由一座逾 13.8 万 m² 的大型购物商场、两座逾 16 万 m² 的超甲级写字楼（汇丰银行为最大的租户，承租 29 层，占办公楼总楼面面积的 48%）、一座逾 6 万 m² 的广州文华东方酒店及酒店式服务住宅和一个逾 5.2 万 m² 的文化中心组成（太古地产并不拥有该文化中心）。商场及办公楼部分于 2011 年开幕，文华东方酒店及酒店式服务住宅于 2013 年初开幕。太古汇内云集逾 180 家知名品牌，从全球一线品牌精品、国内外品牌时装、家居生活用品，到精致美食佳肴，均一一呈现。其中 70% 为国际品牌、30% 为国内品牌，逾 70 个品牌为第一次进驻广州，多个国际知名品牌在此设立旗舰店或概念店。同时，太古汇为广州的美食爱好者提供了丰富的选择，多家来自香港和其他城市的餐饮品牌首次进驻广州并落户太古汇，为饕客们提供丰富的美食体验。特别值得一提的是，商场的 L3 花园犹如一片城中绿洲，让宾客们置身于繁华的广州 CBD，却找到一份宁静，感受别样休闲的地方。

案例一：广州太古汇

太古汇（taikoo Hui），位于中国广州市天河区天河路与天河东路交汇处的一个国际级优质综合发展项目，整个项目包括一座大型购物中心，两幢甲级写字楼，以及广州首间文华东方酒店，集休闲

案例二：成都来福士

案例二与案例三均位于成都，分别为成都来福士广场和成都新世纪环球中心，地理位置如下图所示：

（a）

（b）

（c）

（d）

（a）（d）室内（b）屋顶花园（c）入口

[图 4.1] 广州太古汇

★ 来福士广场　★ 新世纪环球中心

[图4.2]案例二、三区位示意图

来福士广场位于城内武侯区一环路与人民路，该建筑综合体为新加坡凯德置地投资，是其继上海、北京来福士之后第三座系列品牌建筑。由美国斯蒂文·霍尔（Steven Holl）建筑事务所设计，投资44亿，2012年完工，包含高级住宅公寓、酒店、写字楼，商场和购物中心，总建筑面积30万 m²。是斯蒂文·霍尔继2003年北京MOMA复合体、2003年南京艺术与建筑博物馆、2006年深圳万科中心之后在中国的第四个建筑设计。斯蒂文·霍尔对光的崇拜近乎到了迷恋的程度，擅长利用时空和光影来表现建筑的特性。其建筑理念是来自于建筑师多年追求的海绵状多孔的空间塑造，以此来创造一个类似城市的开放复杂的建筑综合体，基本手法延续了霍尔的北京MOMA高层公寓，但是设计方法更为内敛。成都来福士广场创建了一个城市的公共空间，这个30万 m²的项目，包含写字楼、商场、五星级酒店和服务式

公寓，自然光线能穿透建筑形态的精确几何角度，"切片"形态由玻璃和白色的"外骨骼"混凝土结构所包裹，中心广场的概念水景花园的灵感来自伟大诗人杜甫的诗句："支离东北风尘际，漂泊西南天地间，三峡楼台淹日月，五溪衣服共云山"。逐层退开的室外广场形成三峡的山水特质，并将时间概念融入其中，使"西陵峡"、"瞿塘峡"和"巫峡"三个动态水景各具特色而又浑然一体：西陵峡设有12个喷泉，代表着一年12个月。淙淙的水流荡起轻轻薄雾，营造出宛若仙境的水景效果。不规则形状的瞿塘峡当中，30个涌泉寓意一个月30天，日复一日生生不息。生趣盎然的巫峡则利用石质台阶和斜道，让池水层层跌落，并在水面下设置365个小装置，按照7天一周排布，代表一年52周、365天，最独特的是其中的24个用特殊灯光突出，暗合中国农历的24节气。

斯蒂芬霍尔说："这些摩天楼构成的新的公共空间，在阳光的照耀下，呈现出一种富有诗意的环境。"他说："在成都的轮廓线上，将出现一个新的地标，并且为人们提供了聚会和游玩的地方。"成都来福士广场被誉为"切开的泡沫块"，建筑物独特的造型源自于精确的日照分析计算，阳光角度切割出独一无二的几何形态，为的是在成都这个缺乏阳光的城市，最大限度地让身处成都来福士广场的人们享受到更多阳光。成都来福士广场以合围院落"还空间于民"，牺牲大量的商业面积转而修建大面积无阻隔的公共休闲区域，满足成都人对"晒太阳"的幸福期待。位于成都来福士广场内部的三个空中展馆，正体现着这座建筑的精髓——关注历史文化的传承、关注建筑的包容性、关注项目与使用者的和谐互动。

（a）

（b）

（c）

（d）

（a）（b）（c）外景（d）示意图

[图 4.3] 成都来福士

三个空中展馆面向社会大众征名，经过一轮紧张激烈的投票及最终的评审，三个空中展馆被正式分别命名为：巴蜀馆（History Pavilion）、时光阁（Light Pavilion）和杜甫苑（Du Fu Garden）。该建筑多变的形态特别引人注目，其富有标志性的斜撑结构是立面的一大特色。

案例三：成都新世纪环球中心

　　新世纪环球中心地址位于成都高新区天府大道北段 1700 号，成都南部新区大源组团内，在绕城高速路内侧紧邻公路边。该建筑巨大的体量使其跻身为全球最大的单体建筑之一，主体平面尺寸约 500m×400m，主体高度约 100m，总面积达 176 万 m²，由深圳中深建筑设计有限公司设计。2013 年建成开业。占地面积约 1300 亩，是省市两级政府确定的打造世界现代田园城市的重大项目，是会展旅游集团继成功开发世纪城新会展中心之后的又一力作，现为世界第一大单体建筑。

　　成都新世纪环球中心是由中央游艺区和四周酒店、商业、办公等部分组成的一个集游艺、展览、商务、传媒、购物、酒店于一体的多功能建筑。建成后将成为成都市的娱乐天堂、购物天堂、休闲天堂和美食天堂。新世纪环球中心是一个巨大的城市综合体，由新世纪环球中心、新世纪当代艺术中心和中央广场三大主体组成。作为一个功能复杂、体量单一（monolithic）的综合体，环球中心包括：天

堂岛海洋乐园（约 25 万 m²）、新世纪购物中心（约 30 万 m²）、新世纪环球中心·中央商务城（约 72 万 m²）、洲际／皇冠假日酒店及地中海式风情商业小镇。世界当代艺术中心包括：大剧院（容纳约 2000 人）、剧场（容纳约 1000 人）、音乐厅（容纳约 1000 人）、多功能会议厅（约 8000 m²）、展示厅（约 12000 m²）和现代艺术馆（约 3 万 m²）。新世纪环球中心为世界最大单体建筑，主体建筑以"流动的旋律"为设计

（a）

（b）

[图 4.4] 成都新世纪环球中心（一）

（a）（b）外景（c）内景（d）连接（e）水上乐园（f）商场（g）周边环境（h）酒店

[图4.4] 成都新世纪环球中心（二）

理念；建筑以"海洋"为设计主题，衍生出"飞行之海鸥、漂浮之鲸、起伏之海浪"的建筑形态，创造出内陆城市"海景风情岛"的娱乐休闲模式。地上建筑面积约 117.6 万 m²，地下面积约 58.4 万 m²，分为两期进行建设。一期项目，新世纪环球中心东区中区、中央广场、中央公园及地下商业广场和停车场，总建筑面积约 126.8 万 m²，地上建筑面积约 78.4 万 m²，地下面积约 48.4 万 m²，包括天堂岛海洋游乐园、酒店、餐饮娱乐休闲区、商业与办公、中央广场、中央公园及地下商业、停车场；二期项目为新世纪环球中心西区，总建筑面积约 49.2 万 m²，地上建筑面积 39.2 万 m²，地下面积约 10 万 m²，包括商业、办公及地下停车场等。当代艺术中心由世界著名建筑大师——扎哈·哈迪德设计，其抽象的造型，梦幻的流线，不规则几何体堆砌出解构主义强烈的后现代气息，建筑前卫的外形就是一件震撼视觉的抽象艺术品，让人过目不忘，让世界级的艺术建筑植根成都。目前该项目还在建设当中。

环球中心主体包括 1 个海洋乐园主入口（东面），1 个 VIP 出入口（酒店大堂，南面），14 个办公出入口（东面 4 个、北面 4 个、西面 4 个、南面 2 个）。环球中心地下 2 层，地上 18 层（东区），结构高度东面最高是 122m，海洋乐园穹顶高度 99m（至 18 层屋面）。建筑主体以海蓝色为基调，全通透玻璃幕墙，配以纯色调装饰构件，白色飘板将起伏的建筑体衔接成整体。因尺度过于庞大，外立面显得较为单调，整体给人敬而远之的距离感。而内部空间处理得较为丰富。入口通高的大门厅气派非凡，其他商区也有中庭组织空间。办公区域因办公室数量巨多，一个小隔间挨着一个小隔间，由错综复杂的通道相连，走在里面晕头转向。只能通过区域号和房间号辨别方向。而且就笔者 2014 年 11 月现场考察来看，目前商家入住率并不高。

结语

新型集中式购物商场的多元价值，一方面是商业价值的挖掘和满足及最大化，另一方面是社会价值的提供。而纵观商业综合体项目，往往是对租售空间之外的空间用心拓展的商场才能获得极大的成功，即社会价值成就了商业价值。文中的三个案例，一个是着重景观所蕴含的"绿色生态价值"（案例一广州太古汇），一个是通过"明星建筑师效应"打造城市形象（案例二成都来福士），还有一个是单纯的"以大取胜"（案例三成都新世纪环球中心），个人认为是较为失败的一例。建筑师承担了协调开发商、顾客与政府三方的重要作用。只有当三方从项目初期到项目结束，甚至是使用后期的评估，都进行高度充分的合作，才能使得价值达到最大化。比如商场与地铁等公共交通的衔接，日本的六本木，香港的尖沙咀，都是十分成功的案例。当今世界各地兴建商业综合体，不乏成功的"国际范例"，而这也导致了差异性的缺失。每个地方都有自己独特的历史沿革，实际上就是该商业综合体不可复制的一点。比如上海的大宁国际商业广场，以现代建筑风格，重新塑造上海传统的老城厢商业街区。当充满怀旧风情的老房子逐渐消失时，人们意识到要去保留这些上海独有的"艺术品"。随后几年，上海陆续出现了很多同类型的特色项目。保留老建筑进行内部空间整合，结合新的建筑项目，形成了风格独特的商业空间。商业建筑是一种对象性的设计，侧重于消费人群的回馈，非常有针对性地安排消费业态，并应符合当时当地的发展趋势。说到底，商场是承载商业活动的容器，如何塑造吸引人的空间，最终回归到建筑学的本质，即对"场所感"的追求。

参考文献

[1]　辛艺峰.现代商场室内设计[M].北京：中国建筑工业出版社，2011.

[2]　丹尼尔·舒尔茨（Daniel Schulz）.商场规划与设计：购物中心设计指南[M].常文心译.沈阳：辽宁科学技术出版社，2014.

[3]　萧博仁，曾炳荣，吕育德.卖场规划与设计专题实作[M].台北市：上奇信息股份有限公司，2012.

[4]　周雯怡，皮埃尔·向博荣.从建筑到城市[M].沈阳：辽宁科学技术出版社，2012.

[5]　约翰·史东斯.微空间大设计：全球 39 间超小型风格商店之创意现场直击[M].沈贝齐译.台北市：三采文化出版事业有限公司，2011.

[6]　艾侠."商业综合体的多元价值"主题沙龙[J].《城市建筑》杂志社，2014.

[7]　贾生华，聂冲，温海珍.城市 CBD 功能成熟度评价指标体系的构建—以杭州钱江新城 CBD 为例[J].地理研究，2008，27（3），页 650-658。

[8]　John J. Macionis, Vincent N. Parrillo. Cities and urban life [M]. Boston: Pearson, c2013.

[9]　Iris Huang. More? Mall! [M]. Designer: Olina Yang. Hong Kong: Artpower, 2011.

[10]　Philip Jodidio. Shopping architecture now! [M]. Cologne: Taschen, c2010.

[11]　China Dominated New Development of Shopping Centre in 2013 and Has the Largest Pipeline, CBRE Releases Shopping Centre Development — The Most Active Cities Globally, April 23, 2014, Beijing.

[12]　Shuguang Wang, Yongchang Zhang and Yuanfei Wang, Opportunities and Challenges of Shopping Centre Development in China: A Case Study of Shanghai[J], JSCRV, Volume 13, Number 1, 2006.

第 05 章
社区意识：新型住宅

刘 新

[图 5.0] 北京建外 SOHO

社区发展是一种过程，即由人民以自己的努力，与政府当局的配合一致，去改善社区的经济、社会和文化环境。在此过程中，有两种基本要素：一是由人民自己参加自己创造，以努力改进其生活水准。二是由政府以技术协助或其他服务，助其促进发展更有效的自觉、自发与自治[1]。

——联合国

社区（Community）是一个外来词，它是指许多人、家庭或团体因某种习俗和制度而组合在同一地区之内，并因这种组合形成种种联系，是聚居在一定区域中人群的生活共同体。在中国，随着住房制度的改革，国家和单位已退出住房管理分配的舞台，住宅社区也由 50 年代初开始的单位大院演变为 90 年代后所开发的住宅社区，以职业和收入为标志的住宅区已经构成了目前城市居住空间的主要格局。在此背景下，本章选取了几个不同类型且具有代表性的住宅社区进行研究，并对其空间特点进行分析。

一、新型住宅社区与居住区

社区是一个社会学范畴的概念，最早来源于拉丁语，本意有共有与互助的含义。英国学者 H.S. 梅因（1871 年）在《东西方村落社区》一书中曾经使用了 "Community" 一词。而较为有影响力的理解则是德国社会学家 F. 腾尼斯（1887 年）在《礼俗社会与法理社会》一书中的论述——社区是基于亲族血缘关系而结成的社会联合。在中国，20 世纪 30 年代社会学家吴文藻先生首先提出了社区的概念，后由众多学者达成共识将 "Community" 译为 "社区"[2]。至 21 世纪，来自台湾的叶至诚先生提出社区是指由居住在某一地区里的人们结成多种社会关系和社会群体，从事各种社会活动所构成的相对完整的社会实体。虽然其概念可能范围大小不一，并没有明确的界线，但是，它却是一群人的生活空间[3]。综合借鉴国内外学者对于社区的阐述，社区可以被理解为 "在一定地域范围内，一定数量的人口聚集所形成的具有认同感与归属感的社会实体。住宅社区是其中的主要类型之一"。

城市规划学科中最初并没有社区的概念，只有居住区。我国设计规范仅将 "城市居住区" 定义为："一般称居住区，泛指不同居住人口规模的居住生活聚居地和特指被城市干道或自然分界线所围合，并与居住人口规模（30000-50000 人）相对应，配建有一整套较完善的、能满足该区居民物质与文化生活所需的公共服务设施的居住生活聚居地。" 因此，居住区在城市规划中是一个有特定规模的概念，如 3—5 万人口、50—100hm^2 用地面积。同时，规范中还将

[1] United Nation.Community Development & Economic Development.Bankok,1960.p.2.

[2] 叶凌晨.上海居住社区商业调查与研究——基于居住社区空间结构的分析[D].同济大学建筑学硕士学位论文.2006,页11.

[3] 叶至诚.现代社会与公民素养[M].台湾：秀威信息，2008,页82.

"居住小区"定义为"一般称小区，是被居住区级道路或自然界线所围合，并与居住人口规模（10000—15000人）相对应，配建有一套能满足该区居民基本的物质与文化生活所需要的公共服务设施的居住生活聚居地。[1]"

对比社区的概念，居住区只强调了人口、地域空间等物质性内涵，而忽视居住区内的非物质形态的社会关系、组织结构以及文化内涵。居住区的一般概念为人们日常生活居住的地方，它具有一定的人口规模和用地范围，为城市干道或自然界限所包围的相对独立的小区，并且配有一定规模的公共服务设施。但其成员可以是互不相干、目的各异的人，并不一定具有共同的东西和亲密的伙伴关系，或者说他们之间聚集在一起绝对是属于随机的偶然。因此，有时居住区邻里关系常被人形容为"老死不相往来"，正是居住区人情味淡薄的本质所在。这恰恰与社区所要求的邻里关系密切、守望相助、富有人情味的社会关系等背道而驰。

长久以来，我国的居住区规划正是对物质形态的片面关注，忽视了居住区的社会空间内涵，产生了各种社会问题。因此社区的概念将会逐步引入到城市规划设计之中。随着住房制度改革的深入，我国房地产市场的新格局逐步形成。相同经济背景和价值观较同质的人口在一定的空间地域内聚集，以共同的利益和特征的亚文化为联系纽带的城市居民生活共同体——新型住宅社区正逐步形成。之所以

称为"新型住宅社区"，理由有两点。第一，根据社区的社会学定义，新型社区的地域性、互动性能使居民产生一种共有的认同感、归属感、安全感和亲情感，使社区产生强大的生命力。第二，新型住宅社区基本上是一个利益共同体，大部分居民拥有相同的需求、相同的目的，甚至基本相同的社会经济地位。这与以往的社区不同，其居民在利益方面的共同点并不太多。在此定义的基础上，本文所选择的三个案例——SOHO社区、国际社区与保障房社区都属于中国当代的新型住宅社区。

二、新型住宅社区的三个空间要素

一个居住区如果称其为"社区"，不仅仅是指住宅楼的集合，而是应该包括可以提供人与人交流的各种室内、室外场所，如广场、商店、儿童活动区以及服务中心等。吴文藻先生就曾经提出社区需具有三个要素：（1）人民；（2）人民所居处的地域；（3）人民生活的方式，或是文化[2]。叶至诚将这三个要素进一步深化：（1）它是一个有一定境界的人口集团；（2）它的居民具有地缘感觉或某些集体意识与行为；（3）它是一个或多个共同活动或服务的中心[3]。以上只限于社区的要素分析，对于新型住宅社区的

---

[1] 中华人民共和国建设部. 城市居住区规划设计规范 GB 50180–93[S].2002，页2.

[2] 吴文藻. 人类学社会学研究文集 [M]. 北京：民族出版社，1990，页145.

[3] 叶至诚. 现代社会与公民素养 [M]. 台湾：秀威信息，2008，页82.

类似分析学术界并无定论。在笔者看来，从城市空间结构的角度出发，中国新型住宅社区应具有以下三个要素：开放性、连续性与混合性。

开放性

城市居住社区作为一个相对完整的细胞是城市大系统的有机组成部分，不断地与城市进行物质与能量的交换。很多学者（如弥尔顿·凯恩斯、彼得·卡尔索普）都倡导增加公共空间的开放性与可见性，以吸引周边居民来使用公共设施，促进社区活力。公共空间的设计就是要增加人的交往机会和提高场地的利用率，给空间以多功能、多使用的可能性。城市公共空间作为公民权利行使的场所具有重要性，它能提供一个市民之间交流、休憩、娱乐等的平台，但在商品社会中往往被漠视。在城市空间资源的分配中，房地产开发商往往利用财富资源的力量，对政府的城市规划政策加以影响，从而获得有利于自身的城市空间开发权，以及将原本属于民众和政府所应得的基础设施建设的"溢出价值"揽入囊中。

在此背景下，20 世纪 90 年代后出现的住宅小区往往将公共服务设施、公共空间设置于地块中心，周边以住宅或围墙将其围合，进行封闭式经营与管理。此种空间结构将公共设施隔离于城市之外，而且从城市资源分配的角度来看，每个封闭小区都独立建设配套服务设施，造成重复建设与资源浪费。因此，社区公共服务设施宜置于社区边缘的街道两侧，社区内部的广场绿地也应该对城市开放，使社区内及社区外的居民能有更广阔的社会交往空间。

连续性

鲍赞巴克 Christian de Portzamparc 提倡构建适应周边城市街区肌理的住区空间结构，以利于营造城市空间的连续性与开放性，延续城市的固有肌理，同时也有助于形成良好的邻里关系[1]。在商业社会中，开发商往往单纯地依靠美化居住空间与景观等进行社区建设以凝聚社区意义，或者按照规范要求进行道路退界与绿化带退界。无论是开发商主动的商业行为还是被动的政策行为，都形成了众多尺度失调的城市大绿地、大广场。此类空间的随意设置常常割裂城市空间结构，使街道支离破碎，影响社区的连续性和城市的整体活力，造成了城市与社区之间的真空地带。此外，社区绿地景观系统往往只注重其视觉观赏功能，而忽略其实际的维护与使用，华而不实的公共绿地只能成为消极的公共空间。

复合性

提倡城市空间的多元功能复合以及活动空间的多样性融合，已成为住宅社区规划理论和实践的趋势。针对我国住宅小区内外隔绝的现象，最合适的建构策略当然也是创建复合型的社区，即在地块的开发中，不再单纯地将商业地块与居住地块完全割裂，而是指城市功能的混合、人口构成的多样以及商业业态的复合。在城市空间形态上则主要表现为

[1]　于冰，黎志涛．"开放街区"规划理念及其对中国城市住宅建设的启示 [J]．规划师，2006，22（02），页 103．

功能空间、居住空间以及商业空间的交错、穿插以及融合。复合性的城市功能、多样化的活动空间同样要求丰富多样的城市结构和空间肌理，因此，要为社区融入更多的功能空间，需构筑丰富的具有区域特征的社区空间，使空间环境本身成为促进社区活力的载体。然而，当前各城市大规模的单纯住宅项目的开发，由于缺乏就业支持，缺乏文化、娱乐、医疗、教育等服务设施，往往形成功能单一的"卧城"，使人流、车流每日往返于单一的功能分区，增加城市交通压力的同时，也已经成为城市发展的严重隐患。

三、案例分析

北京建外 SOHO 社区

SOHO 是英文 "small office home office" 的缩写，意为小型化办公和家庭办公模式。北京建外 SOHO 位于北京市朝阳区东三环中路 39 号，地处 CBD（中央商务区）核心区域。其总占地面积约为 18.4hm²（东西长约 760m），规划建筑面积约为 68.6 万 m²，其中地上建筑面积约 51 万 m²，地下建筑面积为 18 万 m²。整个社区由 18 栋公寓、2 栋写字楼、4 栋 SOHO 小型办公房及大量裙房组成，配套设施则包括幼儿园和会所。

该社区高层住宅全部采用基地平面为 27.3m×27.3m 的塔楼，并与南侧通惠河岸边干道呈 25° 偏南布置。由南至北大约分三个高度，南部最低，

为 12—16 层，中间为 20—28 层，北部为 30—33 层，纵向高中低 3 栋组成一个组团。25° 偏角和由低至高的组合，均旨在解决高层塔楼的日照间距，以更有效地提高住宅区用地效率[1]。高层塔楼同时设有 1 至 4 层不同高度的裙房，裙房之间以小区道路、架空廊桥相连，并有下沉庭院和屋顶平台穿插其中。第五立面是公寓裙房和高层塔楼的屋顶，裙房屋顶布置成公共的花园，裙房之间由天桥相连，为整个社区提供了一条丰富自然和清静休闲的屋顶步道，与地面 SOHO 街的繁华商业形成鲜明对比。SOHO 公寓塔楼（4 层以上是住宅）屋顶被设计成个性化屋顶平台，顶层住户可通过自家的旋转楼梯到达平台。既美化了屋顶，又充分挖掘了屋面的使用功能和价值[2]。

在地上 1 层、4 层、地下层立体设置绿化广场。1 层是步行者专用的广场，不但对居民，也对外来者开放。1 层的景观设计由沿着 25° 轴设置的散步道以及配置可以直达它的绿地所构成。整个基地配置了 9 条散步道，担负着引导人流到 SOHO 街的作用。4 层屋顶配置了居民专用的广场，还在各广场上为孩子配置了游玩的装置。裙房作为社区的各种商业服务设施、不同高度的交通系统，同时将车辆的动线设置在地下，将基地的地面全部向步行者开放，真正实现人车分流。露天地下车库既丰富了 SOHO 街道的竖向层次，同时将街道的尺度再次分割细化，且配有大量的下沉花园，有自然采光、通风，形成与

[1] 徐锋．北京"SOHO"，北京市朝阳区，中国 [J]．建筑学报，2001（12），页 59．

[2] 徐建伟．简约建筑的人性化——建外 SOHO 设计 [J]．建筑学报，2004.4，页 41．

地上一样开敞的空间。

北京建外 SOHO 以其先进的规划设计理念而成为国内街区住宅中的代表性项目。它通过建筑空间的营建创造了一种新的城市居住模式，以一个住宅项目创造了北京 CBD 的商业中心，成为了北京时尚与文化的策源地。建外 SOHO 不是一个单调封闭的住宅区，而是一个有住宅、商业、办公的开放型混合社区。建外 SOHO 作为一个街区型社区，其空间特征主要表现在以下几方面 [1]：

高层高密度（连续性）——建外 SOHO 处于 CBD 核心区，相对于北京旧城来说，是一个发展的新区，其高密度的建筑形式符合该地区的整体定位。正如柯布西耶所说"摩天楼是人口集中、避免用地日益紧张，提高城市内部效率的一种极好手段"。建外 SOHO 采用高层塔楼的形式，保证了开发强度的要求。其建筑覆盖率达到 30%，容积率更是达到 4 以上，在一定程度上保证了街区建筑空间的连续性。临街三层商业裙房，使沿街街面丰富连续，城市空间完整清晰。建外 SOHO 20 栋白色方格外观的塔楼包含了 2000 套 SOHO 类型的住宅，每天大约有 5 万人在这里居住、工作、玩乐。同时建外 SOHO 在居住概念上强调了"小"，小尺度街道、小尺度广场。3—4m 的街区内街和 5—10m 的街区道路形成了适合步行的城市街道，使街区间的空间联系更加紧密，使商业街呈现出更丰富、更亲切的空间形态。

功能复合化（复合性）——将居住、办公和商业功能混合，建外 SOHO 定位为集合住宅、办公楼和底层店铺的复合社区。正如设计师山本理显所说："建外 SOHO 不是街区，它不是一个封闭的、单调的住宅区，而是一个有住家、有店铺、有办公的功能混合的场所。"建外 SOHO 是由 16 条小街、300 个店铺组成的开放性、商住两用型的混合社区。SOHO 公寓 1 ～ 3 层为临街商铺，4 层以上为 SOHO 公寓单元，18 栋楼高低错落、异常生动。SOHO 的活力同样体现在人口结构的混合上。SOHO 的小单元居家办公的创新概念使人口差异成为可能，丰富的户型设计满足了不同人口的入住需求，办公、自住、访客各种人群混合杂处，出售、出租、自营等各种经营方式也使社区人口不断更新。

空间多元化（开放性）——设计师山本里显在建筑形式的设计上力求在统一中寻求变化，丰富的空间由系统化、模数化的设计中变幻出来。白色立方体模块的铺陈和随之而来的多种模块组合创造出了千变万化的建筑空间。同时，原本整体闭合的 $12.28hm^2$ 的基地被划分为五、六块尺度较小的地块，每一个街区边长都控制在 100m 至 200m 之间，形成适合步行的小尺度开放型街区。建外 SOHO 没有围墙，底层至三层裙房的商业空间与数条小街的开口在沿街接口上形成了既丰富又透明的城市街道。16 条小街在建筑群中穿梭串联，将城市商业空间贯通街区，并使社区内部的广场、花园、会所等公共活动空间为城市人流共享，使其融入城市公共空间之中。整个建筑设计手法像是迷宫一样的街区小城，城里道路都有小广场，两层的随意上下的花园、蜿蜒的小桥、小街。它所带来的不单是突破性的建筑概念，更是

---

[1] 季洁. 阳关的影子——从建外 SOHO 中解读和反思柯布西耶"光明城市"理论. 华中建筑，2010 (11)，页 144。

传统城市空间理想的复兴。

交通立体化——SOHO 高层公寓下的 3 层裙房均为
商业空间，一、二层铺面复式结构自成一体，三层铺
面由自动扶梯直达公共院落，出入便利。经过精心布
置，在裙房之间形成了 3—4m 左右的商业通道，创造
了一段有尺度感且人性化的街道。建外 SOHO 所有商
店的服务通道和住宅车道都放在地下一层，商铺如餐
馆、橱窗、商店和小广场等均安排在地面一层。这种
处理手法摒弃了中国传统楼房的入口形式，住户能够
在楼宇之间的大院子里，在社区的商业店铺里轻易地
接触到左邻右舍。同时，这种把服务区入口设于商业
设施内并将车行入口布置在每幢公寓的地下停车场的
做法，能使整个区域的地面空间成为纯步行空间，人
车分流，形成无汽车干扰的生活街道。

[图 5.3] 建外 SOHO 夜景

[图 5.1] 建外 SOHO 局部透视图

[图 5.4] 连接廊桥

[图 5.2] 建外 SOHO 外景

[图 5.5] 商业通道

上海金桥碧云国际社区

上海作为我国对外开放的前沿阵地，都市经济和全球经济互动频繁。多元文化的碰撞、交融，促使上海国际社区的形成。目前，对于国际社区还没有统一而清晰的定义。文嫣等（2005）认为国际社区应包含三方面的内容：第一，国际社区是大量不同国籍人士生活和居住的场所，它是在一定的地域范围，由海外人士组成的社会共同体；第二，国际社区的规划建设、物业管理、社区治理、配套服务应该和国际接轨，能充分体现社区建设、规划、治理、服务的国际化水平；第三，国际社区应该是多元文化共存、交融、发展的社区场所；三者缺一不可[1]。因此，国际社区可以定义为大量不同国籍人士汇集的，在建设、规划、治理和服务上能达到国际标准的，多元文化融合的生活居住区。

目前，上海国际社区主要集中在对外开放前沿的浦东。碧云国际社区是浦东新区开发过程中，最早按照多功能国际新城定位，参照国际标准和惯例，以超前的规划理念建设而成的一个新型国际社区。它是迄今上海规模最大、综合环境最具创新特色的现代化涉外社区。最初碧云社区所在的位置仅作为金桥出口加工区的居住配套区，从 1992 年开始才由金桥集团统一进行土地开发、基础建设和功能配套。它在区位上有着先天优势，位于浦东金桥开发区西部，紧靠内环线和杨浦大桥，北起杨高路，南至云间路，东靠金桥路，西临罗山路，距陆家嘴商业区和浦东其他三大团

区车程都在 20 分钟之内[2]。碧云国际社区以碧云别墅为核心，同时建设了一批高水平的教育、医疗、购物、餐饮、体育、休闲、娱乐等配套设施。考虑到其区位优势与配套标准，碧云国际社区的服务人群为在金桥开发区、张江高科技园区、陆家嘴金融区以及上海浦西，甚至长三角地区工作的外籍人士。

碧云国际社区的取名，据称源于我国宋朝著名政治家、文学家范仲淹《苏幕遮》一词中"碧云天，黄叶地，秋色连波，波上寒烟翠"之意境，其英文名称则为"Green City"[3]。碧云国际社区由城市道路划分为 18 个地块，占地 4km²。社区内生态环境极佳。它是上海唯一通过 ISO4000 环境认证的区域，空气质量标准达到一级。在社区东部有 18 万 m² 的绿地，中央集中了 5 万 m² 中心绿地，社区周边布置了 400m 宽的防护林绿化带，整体绿化率高达 70%。"Green City"的理念可以说是名副其实。

功能复合化（复合性）——碧云国际社区目前已集聚了来自世界 60 多个国家和地区，近 2000 户外籍人士家庭，约 6000 人，外籍人士比例占 90% 左右，具有"小联合国"之称[4]。考虑到其人口的多样性，在产品形式上除高层次外籍人士居住的高档别墅、花园洋房之外，还有适合一般外籍人士居住的酒店式公

[1] 文嫣，宁奉菊，曾刚．上海国际社区需求特点和规划原则初探[J]．现代城市研究，2005（05），页 17．

[2] 王晓虎．浦东新区外籍人口集聚与国际社区建设[D]．复旦大学硕士学位论文，2011，页 44。

[3] 龚柏顺．国际社区，上海城建乐章中的美妙音符——记浦东金桥碧云国际社区[J]．今日上海，2002（06），页 19。

[4] 刘晓颖．碧云国际社区自建 17 万 m² 楼盘[N]．上海商报，2012 年 08 月 22 日，〈http://www.shbiz.com.cn/Item/184822.aspx〉[检索日期：2015 年 12 月 15 日]．

寓。目前以"碧云品牌"为系列，先后建成了碧云别墅、碧云花园等欧美风格的涉外高档住宅小区，总建筑面积达 20 余万 ㎡。社区内同时建成其他配套项目包括碧云东方公寓、新金桥大厦、浦东民航大厦、银东大厦、钻石酒店公寓、华美达酒店等等。

配套完善化（开放性）——碧云国际社区不仅道路整洁，建筑别致，环境优雅，而且注重开发各类配套设施。目前，社区周边配有国际学校，建有适宜外籍人士子女就读的现代教育机构。社区有自己的操场与绿地，超市、运动会所、购物中心、教堂、图书馆等生活配套设施一应俱全，密集地分布在社区中。可以说整个社区的综合配套已初具规模，并且对外开放，能基本满足社区居住、休闲、购物、交际、教育以及医疗等多层次功能需求。正如碧云社区建设单位总裁沈荣所说："80% 的生活需求可以在社区范围内得到满足，这在其他地方是很难看到的。"[1]

设计多样化（连续性）——碧云国际社区的规划设计秉承了上海原有的文化脉络及人文精神，用发展的思路重新演绎了新的社区形象。以碧云国际社区·晓园为例，一条条充满情调的咖啡街，形成一个个半封闭的小尺度住区，邻里之间可以相互交流，又不互相干扰，处处体现出对上海里弄文化的尊重。同时，社区根据不同的地域与功能，因地制宜，以分散与集中相结合的方式，布置了防护林绿带、道路绿地、居住区绿地和公用绿地等等。尤其沿街的

住宅建筑，设置 20 余米宽的绿化带，将绿化景观延伸至城市街道，强化了街道空间的连续性与整体性。

人性化管理——社区提供国际化水平的物业管理和服务，有 24h 的社区服务中心，配备有英语工作人员，保证能够将社区内住户的问题及时解决。同时，社区的绿化景观环境协调完备，公共设施和商业设施满足不同人群的生活需求。碧云社区注重生活空间，给骑自行车的人、步行者留出足够的活动区域，并非只考虑机动车车道。将主要交通主干道置于社区外，位于社区内的碧云路虽说属于主干道，但只属于生活性道路，车流量较小。社区内免费停放车辆，社区道路专门规划了自行车免费停放带，独具匠心的是公共设施的一层设公共走廊，走廊中有随处可见的座椅，墙壁上贴着体现社区文化的照片。

[图 5.6] 碧云社区区位图

[图 5.7] 碧云休闲体育中心

[1]   关建 . 八成生活需求"碧云"里满足 [N]. 新闻晨报，2014 年 06 月 16 日. http://newspaper.jfdaily.com/xwcb/html/2014-06/16/content_42513.htm[检 索 日期：2015 年 12 月 15 日].

[图 5.8] 德威英国国际学校

[图 5.11] 碧云别墅

[图 5.9] 晓园

广州金沙洲保障房社区

　　政府保障性住房是以政府部门为物业总产权人，统一组织土地开发、规划设计、施工建设，供低困救助住户、城市建设项目拆迁住户居住，和符合准购条件的经济适用房业主购买居住的住宅物业[1]。保障房作为一种带有福利性质的产品，针对社会上特定收入阶层的人群，属于新型住宅社区。在广州，保障房主要以廉租住房、经济适用房、公共租赁住房和限价住房为主，2012 年政府将廉租住房、直管公房和公共租赁住房一并归为公租房。至此，公租房、经济适用房和限价房等类型的保障房共同形成这一类特殊的城市社会空间——保障房社区。

　　金沙洲保障房社区是广州市最大的政府保障房社区，由广州市政府统一规划、统一建设。它地处广州西北部，位于白云区金沙洲居住新城 E 区，东临

[图 5.10] 河道景观

[1]　陆华生 . 广州金沙洲社区政府保障住房物业管理探索
　　[J]. 现代物业·新业主，2009（09），页 78.

金满家园，西靠环城高速，南接凤岗村，北临金沙大道。该社区项目于2006年5月落户金沙洲，2007年10月竣工，2008年2月交付使用，有经济适用房、廉租房、拆迁安置房3种住房。社区总用地面积33.95ha，总建筑面积49.08万㎡，容积率为2.24，总建筑密度25%，绿地率为47%[1]。社区共有64栋住宅，提供6288套住房，主要户型有三房一厅、两房一厅、一房一厅等，套型建筑面积则分为40㎡、60㎡、80㎡和120㎡共4个类别，以满足不同需求的住房困难家庭居住。其中套型面积小于90㎡的住房占总住宅面积的82%，户数则占总户数的88.5%。截至2012年4月，该社区共入住5431户，约1.6万人。公共配套设施包括中学（42班）、小学（18班）、幼儿园各1所，肉菜综合市场1个，以及老人服务站、卫生站、邮政所、派出所、柜员机、公厕等等。

金沙洲社区是在广州城市近郊区集中兴建的大规模保障性住房，在一定程度上解决了低收入家庭的居住问题，具有必然的合理性，但其发展中也存在着不少问题，比如设计考虑不周、公共服务设施配套不足、居住空间边缘化等等。

设计考虑不周——金沙洲社区在规划建设时采用了高档次的设施设备，比如政府投资建设的真空垃圾收运系统。该系统不仅维护和运行成本相当高，而且在实际使用中，真空垃圾收运系统对垃圾的包装质量有着极高的要求，垃圾必须通过包裹才能投进管道。居民只能在指定时间里由物管人员监督着

扔垃圾，以保证垃圾的包裹质量不会对系统管道造成损伤。平时这些垃圾投放口都被锁上，一定程度上造成了居民的不便。另外一方面，虽然该项目的车位配比已经很低，但由于低收入居民的私家车拥有量非常少，仅地面的车位已经足够，导致地下车库长期空置，甚至连抽水泵都已经停用。并且，该项目的绿化率高达47%，配有丰富社区景观的人工水景，导致后期的维护成本增大[2]。

空间单一，缺乏复合性——金沙洲社区属于集中新建的保障房社区，离市区距离较远，其周边的市政公建尚未落实，社区内部的生活配套设施也严重不足，影响了保障住房居民的生活质量。例如，由于缺乏活动设施，居民经常去附近环境较好的广场和公园锻炼身体和散步；社区内没有规划配套商业，即使以后商业中心落成，居民也要走一个站地铁的距离才能到达购物区。除了配套设施不足之外，在空间设计上，由于受到柯布西耶式"高楼＋开敞空间"格局的影响，金沙洲社区采取了单一、标准化的建设模式，以节约土地资源以及降低建设成本。金沙洲社区这种以小户型、微型空间为主体的单一住宅类型，与其它有限的功能分区在空间布局上各成体系，很难做到功能的复合交叉。

居住空间边缘化，缺少连续性——居住空间边缘化主要体现在保障房的选址集中在土地价格较低廉的郊区。保障房选址的郊区化使城市的居住空间格局发展日渐不平衡，逐渐形成了富人区往城市中心区不断

[1] 陈琳，谭建辉，吴开泽，崔智海.大型保障性住房社区物业管理问题实证研究——以广州市金沙洲社区为例[J].城市问题，2013（05期），页2-8.

[2] 胡小维.广州金沙洲地区保障性住房设计问题与对策[D].华南理工大学工程硕士学位论文，2013，页25-26.

靠拢，保障房住区向郊区不断扩散[1]。金沙洲新社区正因为其偏远的选址而与城市中心区的关系处于一个大隔离的状态，居住人口众多的新社区与主城的联系非常薄弱。居住空间的边缘化也逐渐导致了保障房居民社会地位的边缘化。大量的中低收入人群聚集于此金沙洲社区，导致社区成为新的城市贫困人口带。金沙洲新社区始建以来，一直被冠名为"保障房"或"廉租房"的称号，因其特有的建筑形式与周边其他小区进行区别，更因特殊的"民生工程"性质而受到媒体的关注。部分媒体直指金沙洲保障房社区在不少广州人眼中已然成为"贫民区"[2]。

半开放式社区模式——金沙洲社区共分为四个分区，每个分区的入口都有物业管理人员负责看守。不过社区采取了半开放式的模式，不同分区以及社区以外的居民均可自由进出。采用这种模式的主要原因是金沙洲社区内部的公共设施没有集中设置，幼儿园、银行以及菜市场分别处于不同的分区。为方便不同分区的居民都可以享用这些公共配套设施，而被动式地采用了这种半开放式的组织模式。半开放式的住区模式，不仅可以加强居民之间的交流，营造和谐的邻里关系，而且这种组织模式多数伴随着土地功能的混合，能够为社区居民提供更方便的生活设施以及更多的就业机会。

总而言之，保障房作为一个系统性的综合工作，需要由政府主导，长远谋划。保障房住宅社区由于偏离中心城区，不能有效共享城区资源，因此在其规划建设时就应加大公共配套设施方面的投入，完成相关的教育、医疗、体育、文化、康复等配套设施建设，真正做到配套先行，以提高居民生活的便利性。同时，作为低收入人群的社区，政府在推出保障房供给和建设时应给予社区居民日常生活空间足够的重视，从而使其环境得到真正的改善。

[图 5.12] 金沙洲社区外景 01

[图 5.13] 金沙洲社区外景 02

[1] 周艺．基于混合居住模式的广州市保障房住区建设策略研究 [D]．华南理工大学工程硕士学位论文，2011，页 56．

[2] 任艳敏．李志刚．广州金沙洲城市保障房社区研究——"日常生活实践"的视角 [J]．南方建筑，2013（04 期），页 71．

[图 5.14] 金沙洲社区外景 03

[图 5.16] 金沙洲社区休闲设施

[图 5.15] 金沙洲社区景观绿化

参考文献：

[1] 李志刚，任艳敏，李丽 . 保障房社区居民的日常生活实践研究——以广州金沙洲社区为例 [J]. 建筑学报，2014（02），页 012-016.

[2] 魏宗财，陈婷婷，孟兆敏，钱前 . 广州保障性住房的困境与出路——与香港的比较研究 [J]. 国际城市规划，2015，30（04），页 109-115.

[3] 吴文藻 . 人类学社会学研究文集 [M]. 北京：民族出版社，1990.

[4] 夏学銮 . 中国社区发展的战略和策略 [J]. 唯实，2003，10，页 69-72.

[5] 叶至诚 . 现代社会与公民素养 [M]. 台湾：秀威信息，2008.

第三部分

古迹保育与老城区改造的创新

· 遗址博物馆
· 艺术园区

第 06 章

唤醒场地、激活历史：广
州南越王墓博物馆和南越
王宫博物馆中的身体体验

丁光辉、贾　敏

[图 6.0] 广州南越王墓遗址博物馆
（图片来源: 丁光辉）

通过创意的设计，制造出人们喜爱的东西，不是拆除，不仅仅是原样保留，而是真正的转化。[1]

——詹姆斯·科纳

美国宾夕法尼亚大学的建筑学教授戴维·莱瑟巴罗（David Leatherbarrow）在其 2000 年出版的专著《非比寻常的地面：建筑，技术和地形学》（Uncommon Ground: Architecture, Technology and Topography）中探讨了建筑与场地之间的关系[2]。他提出了一个对于建筑设计来说具有根本性的问题，那就是：如何在具体的物理层面和从抽象的文化角度来处理场地。莱瑟巴罗在建筑现象学的框架内来展开论述并认为，建造的过程就是重新定义和发掘基地潜能的过程。通过对理查德·努特拉（Richard Neutra）、安东尼·雷蒙德（Antonin Raymond）和阿里斯·康斯坦蒂尼迪斯（Aris Konstantinidis）等建筑师作品的细致分析，他认为建筑实践始终受限于技术的发展和文化的考虑。

尽管莱瑟巴罗的解释植根于美国、日本和希腊等国的建造传统，但是他试图回答的这个问题在中国语境里呈现出某种跨文化的含义。在建筑与其环境之间的关系上，也许没有什么项目能够像考古遗址博物馆那样来展示其复杂、敏感的特征，这是因为考古博物馆与历史遗迹、出土的文物、当地的文化、地貌以及材料之间具有天然的、微妙的关联。考古遗址博物馆一般具有文化的独特性、展品的主题性、和场地的原真性等特征[3]。本文通过考察两个考古遗址博物馆项目来分析建筑和地形之间的相互作用是如何影响人在博物馆空间中的感官体验：一个是建于 1993 年的广州南越王墓博物馆，另一个是 2014 年完工的广州南越王宫博物馆。

这两个考古博物馆不仅保留了，而且完整的展现了古代中国的建筑成就。更具体地讲，作为两个建立在历史遗迹之上的博物馆，它们揭示了南越国的物质文化和社会风俗习惯[4]。每个博物馆的构想和体量生成都始于建筑师对项目基地的深刻理解。不同于在考古遗址上覆盖一个简单的结构物，这两个博物馆都是首先承认基地的特征，然后阐述它们，并赋予它们新的含义。类似于德国哲学家马丁·海德格尔（Martin Heidegger）对桥的论述，这些考古博物馆并不是简单的矗立在遗址场地上，恰恰相反，遗址的场所感是由于博物馆的建立而开始

[1] 詹姆斯·科纳（James Corner）是主持纽约曼哈顿都市遗产"高线公园"（High Line）改造的景观设计师，他在纪录片 Urbanization 中接受采访说："Through creative design, actually produce something that people love. It is not erasure, and it is not preservation, it is really transformation."

[2] avid Leatherbarrow. Uncommon Ground: Architecture, Technology and Topography [M].Cambridge, Mass.: MIT Press, 2000 pp. 90-91.

[3] 易西兵. 浅谈考古遗址博物馆的发展方向：兼对南越王宫博物馆建设的几点建议. 广州市文化局编. 博物馆：文化的桥梁 [G]. 广州：广东人民出版社，2005，页 173-178.

[4] 单霁翔. 实现考古遗址保护与展示的遗址博物馆 [J]. 博物馆研究，2011（01），页 3-26.

存在[1]。

在感知和体验考古博物馆这种多层次环境（multi-layered environment）的过程中，身体是一个主要的媒介。身体的体验，就像法国哲学家莫瑞斯·梅洛－庞蒂（Maurice Merleau-Ponty）在他的《知觉现象学》中所表明的，在认识世界和我们周围的环境中发挥着核心作用。对他来说，身体既不是完全主观的也不是完全客观的，而多层次的身体感知在主观和客观的两极不断移动和摇摆，因此呈现一种所谓的模糊性（ambiguity）[2]。英国的建筑理论家乔纳森·赫尔（Jonathan Hale）认为，对身体体验的现象学分析并不局限于对个人感觉所谓"保守落后的"的说明；相反，它也保持明确的社会意义[3]。一个批评性的现象学方法强调身体运动的感知和认知的作用，从而试图超越对经验和意义的传统偏见[4]。

本文对两个考古博物馆的分析表明，身体的体验是可以整合主观的现象学感知和集体的社会参与。一方面，博物馆把基地上所有的元素（包括实物和历史故事）呈现出来，并揭示出一个潜在的世界。这种对历史丰富性的空间和材料感受建立在人们对建筑是如何介入基地的具体感知的基础之上。其次，这种身体的感知有助于进一步改变和重塑人们脑海里对当地文化的认识。建设博物馆的根本目的就在于通过公民参与和公共教育来加强人们对广州作为一个国家历史文化名城的共识。正是在这个意义上，身体的体验起着连接物质世界和个人思维之间的中介作用，整合了基地在建筑学层面上的转变和人们在文化意识上的转变。

南越王墓的考古发掘

1983 年 6 月 3 日，在广州市越秀区解放北路一个叫象岗的地方，建筑公司正在为建设一个省政府机关公寓项目而做地基施工。在把山岗削平的过程中，建筑工人在工地现场发现一个石筑结构。工地负责人邓钦友立即通报政府当局。来自广州市文物管理委员会的考古专家麦英豪，黄淼章以及他们的同事赶到施工现场做进一步的查看。凭借多年的考古经验，他们初步判断这是一个古代陵墓，并通知施工单位停止施工。由于考古发掘需要国家的许可，当地的文管会不能够私自决定来发掘。于是，麦英豪和同事们先在考古现场搭建临时的覆盖物来防止台风雨水破坏遗迹，然后赶到北京向国家文物局汇报并请求高级别的官员重视这一考古发现。

陵墓的发掘是一个复杂的工程，涉及到墓室结

[1] Martin Heidegger .Poetry, Language, Thought. Trans. Albert Hofstadter .New York: Harper & Row, 2001, p. 152.

[2] Maurice Merleau-Ponty, Phenomenology of Perception. Trans. Colin Smith .London: Routledge, 1962.

[3] Jonathan Hale, "Critical Phenomenology: Architecture and Embodiment," Architecture & Ideas, 2013 (12), pp. 18-37.

[4] Jonathan Hale, "Narrative Environments and the Paradigm of Embodiment," in Suzanne MacLeod, Laura Hourston Hanks and Jonathan Hale (eds.), Museum Making: Narratives, Architectures, Exhibitions .Abingdon: Routledge, 2012, pp. 192-200.

构的研究与图纸绘制，陵墓年代和墓主人身份的断定以及揭示墓葬所代表的物质、社会和政治文化。在广州所发现的墓室呈现严谨对称的平面布局，包括前室，东西耳室，主室，东西侧室，以及一个后室，其前室由坡道与地面相连[1]。大量的陪葬品，包括玉衣，象牙，铜镜，铁制的农业工具和军事用品以及各种各样的器皿，散落在地面上。另外，考古队员还发现了几具殉人的骨骼。在这些发掘的文物中，一个刻有"文帝行玺"的印章和一枚"赵眜"的印章极其重要，因为它暗示了陵墓与南越王国第二位皇帝的关系。考古专家由此推断该墓的主人就是赵眜。对陵墓年代和墓主人的推断是进一步研究南越王国历史的主要前提[2]。

1983 年，著名的《考古》杂志报道了南越王墓的发掘过程。鉴于出土的大量精美文物，该报道认为它是近年来关于汉代考古的重大发现，其重要程度可与长沙马王堆汉墓相提并论[3]。与后者不同的是，广州市政府决定在遗址上建造一座博物馆来展示南越王国的历史。保护和展示陵墓及其出土的文物是向世人介绍这个古老王国的主要手段。

建造一座文化纪念碑：南越王墓博物馆

发掘出土后的文物曾经在广州中山纪念堂的展厅里临时展出，期间吸引了政府官员，文化爱好者和大量市民前来参观。参与并负责此次发掘的考古专家麦英豪积极向当局建议在考古遗址处设立博物馆来更好地展示这些精美文物。他的这一想法与之前的考古工作经历有着密切的关系。早在二十世纪70 年代，麦英豪曾经参与北京大葆台汉墓考古发掘工作，时任国家文物局局长的王冶秋曾经力主在遗址上建设博物馆[4]。与此同时，建设遗址博物馆也是政府官员和市民的共同愿望，因为这个未经破坏的古墓能够展示这个城市的古老历史和文化底蕴[5]。

考古发掘一结束，广州市政府便于 1984 年开展了博物馆设计的前期准备工作并要求原施工单位停止进一步施工。由于场地四周是大量的民房，餐馆和酒店，政府面临着大量的拆迁工作。博物馆建设总共分为三期：第一期先建立一座综合楼用于临时展览和工作人员的办公；第二期是保护古墓；第三期是设立一座永久展示楼。据麦英豪介绍说，他的建筑师朋友莫伯治也曾经参观过考古现场，并被要求为博物馆建设出力。当时的莫伯治与合作者佘畯南等人刚刚完成广州的新地标——白天鹅宾馆的设计和建造，正处于职业生涯的黄金时刻。

[1] 广州象岗汉墓发掘队 . 西汉南越王墓发掘初步报告 [J]. 考古 .1984 年 3 期，页 222-234。

[2] 秦朝在岭南设立南海郡，由高级将领赵佗管理，秦朝末年，赵佗起义并在此建立了南越国。之后，作为汉朝的一个诸侯国，南越王朝享有事实上的高度自治权。参见张荣芳，黄淼章 . 南越国史 [M]. 广州：广东人民出版社，1995.

[3] 匿名 . 我国汉代考古的又一重大发现：广州发现西汉南越王墓 [J]. 考古，1983 年 12 期，页 1140，1144.

[4] 麦英豪，全洪，李颖明 . 霜叶红于二月花：麦英豪先生访谈录 [J]. 南方文物，2014 年 2 期，页 26-43.

[5] 早在 1982 年，广州被国务院列为首批国家历史文化名城。一般认为，关于广州的历史记载始于公元前 2 世纪之前，这个陵墓是一个重要的物证来支持这一说法。

不出意料，后来莫伯治被委托来提出博物馆的设计方案。来自北京的建筑师李慧娴也被邀请参与竞赛，主要是因为她刚刚完成沈阳新乐遗址博物馆的设计。同时，当局也让本市文博系统的美术设计人员提供第三个方案以供比较。1986年9月，这三个设计方案在广州的东方宾馆展出，主办方让出席当时旅游会议的与会人员投票，其中，莫伯治的方案最受欢迎[1]。之后政府指定莫伯治为博物馆的建筑师，并要求华南理工大学建筑设计研究院配合莫来完成整个项目的设计工作[2]。

对于72岁的莫伯治来说，这个博物馆在性质上不同于他以往的酒店，客栈和餐馆等商业项目。该博物馆是广州市解放以来建造的第一个重大文化设施，其重要性非同小可。政府官员和建筑师心里都明白广州需要一座文化纪念碑来代表该市的文化底蕴。在14647m^{2}的基地范围内，莫的设计方案由三部分构成：一个建筑面积为4262m^{2}的展览和办公综合楼，由于东临解放北路，它也构成了博物馆的主要入口；一个悬浮在墓室上方的钢结构玻璃罩，覆盖了约460m^2。墓室及玻璃罩处于庭院的中心，四周由一圈柱廊（2.05m宽，170m长）环绕；墓室北部是一座2层的永久展览馆（图6.1）。

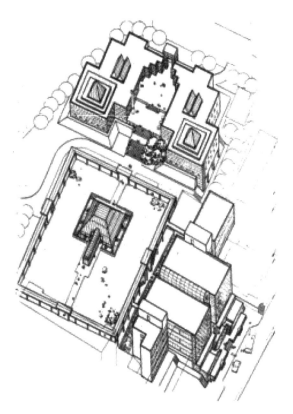

[图6.1]莫伯治设计的南越王墓博物馆方案；
图片来源：《建筑学报》，1991年第8期，第28页

莫伯治对博物馆功能的安排方式，在某种程度上来说，与李慧娴的策略相近，因为她同样把项目分为三部分：一座退台式的办公楼兼主入口位于基地的东边，保护墓室的十字形结构物位于中央，以及一些独立但通过连廊相连的展厅分别位于基地的北部和南部[3]。与新乐博物馆类似的是，李慧娴采用倒锥形和三角形等几何语言来象征古代陵墓[4]。她的

[1] 麦英豪.想起莫老总[G].吴宇江，莫旭编.莫伯治大师：建筑创作实践与理念.北京：中国建筑工业出版社，2014，页313-316.

[2] 石安海.岭南近现代优秀建筑，1949-1990[M].北京，中国建筑工业出版社，2010，页399.华南理工大学参与建筑设计的人员有何镜堂及其夫人李绮霞，莫伯治的研究生马威和胡伟坚等.

[3] 李慧娴.广州市西汉南越王墓博物馆方案设计[J].建筑师，1988年29期，页97-93.

[4] 同上，页91.

设计方案展现了一种灵活的参观路线和颇具象征性的造型，而莫伯治的设计创造了一种纪念性的气氛，统一而肃穆庄严。在他发表的文章里，莫伯治提到了 1964 年的《威尼斯宪章》对他的影响 [1]。这里需要指出的是，大约在他构思博物馆方案的时候，中国于 1985 年底加入了《保护世界文化与自然遗产公约》的缔约国行列。几个月之后，清华大学建筑系陈志华教授把《威尼斯宪章》翻译成中文并发表在《世界建筑》杂志上 [2]。我们无法知道莫伯治是如何接触到这《宪章》的，或许，他读到过这篇出版的杂志文章；或者他通过其他渠道接触到该文献的英文版本（当时广州的建筑师能够通过香港接触到一些英文的建筑书刊）。

除了这一理论参考外，莫伯治是当时中国极少数有机会到国外实地参观考察一些著名建筑的建筑师。1984 年，他受邀前往希腊雅典为中国大使馆设计新楼。同年 9 月底，他同佘畯南从广州出发经日本转机前往美国，参观了东西海岸的优秀建筑并停留了一个月之久，之后前往法国、西德、意大利、瑞士，最终抵达希腊。这次旅程让他有机会接触到新近落成的现代主义和后现代主义建筑作品，以及欧洲的一些保存完好的历史古城 [3]。1986 年，莫伯治和助手前往陕西省，访问了一些考古遗址并在西安

与建筑师张锦秋会面 [4]。众所周知的是，陕西省有着丰富的历史遗迹也有相应的考古遗址博物馆，比如说，1958 年开放的西安半坡博物馆（新中国第一座遗址博物馆），1979 年开放的秦始皇兵马俑博物馆。

纪念性，材料性与氛围

博物馆的一期工程于 1988 年完工，次年，墓室经过加固维修之后对外开放。博物馆的主入口是一对对称的楼梯，紧邻繁忙的解放北路。游客从街道到达主入口，经过几个踏步来到一个休息平台，转身继续攀登到达另一个平台。平台既作为休息之用，也暗示了建筑与街道的空间分离。之后观者继续攀登几级台阶来到主入口门厅。三层的建筑物由两部分坚实、简洁又克制的体量构成，两个体量之间由通高的玻璃幕墙相连。其外立面没有设计常规的窗户，展厅内部依靠人工采光来照明。

博物馆最具纪念性的部分就是这个临时展厅建筑了（图 6.2）。一开始建筑师在外立面设计了各种各样的图案和造型（比如充满密密麻麻的壁龛以象征佛教），但最后设置大型浮雕的想法得以采纳。由广州的艺术家潘鹤设计的 8m 高的人物雕像被刻在外墙上 [5]。雕像表现了一对越人男女，头顶日月，与蛇

[1] 莫伯治. 西汉南越王墓博物馆规划刍议 [G]. 吴宇江，莫旭编. 莫伯治大师：建筑创作实践与理念. 北京：中国建筑工业出版社，2014，页 189.

[2] 陈志华. 保护文物建筑及历史地段的国际宪章 [J]. 世界建筑，1986 年 2 期，页 13-14.

[3] 详见莫伯治. 莫伯治文集 [M]. 北京，中国建筑工业出版社，2012，页 171-224.

[4] 胡伟坚. 设计就是生活 [M]. 吴宇江，莫旭编. 莫伯治大师：建筑创作实践与理念. 北京：中国建筑工业出版社，2014，页 337-338.

[5] 麦英豪. 想起莫老总. 页 314. 同 104.

[图 6.2] 南越王墓博物馆主入口；图片来源：丁光辉

共舞，象征了远古的生活和文化。博物馆主立面是每天经过这里的成百上千的人感受最强烈的一个元素。它的象征性图案传递了一个重要的信息，那就是，这个建筑讲述了南越王国的历史故事。该立面展现了一种物理和历史意义上的边界或门槛，划分了现实与过去的分界，建筑之内，南越王国开始显现自己的声音[1]。对称的立面设计和象征性装饰意味着建筑师试图通过融合古典和现代的设计原则来创造一种纪念性的形式和动态性的空间。

由于建筑的外立面采用清一色的红砂岩，这使得它从周围浅色的城市环境中凸显出来。立面材料的选择受到了墓室红砂岩石材的启发，这种石头是从广州番禺莲花山采石场采集的，并展示出一些特殊的含义。首先，它使博物馆建筑与场地融合在一起；另外，它也表达了与墓室的某种关联性；此外，这种

材料有着独特的色泽，质感和纹理，传递出一种远古的气息。

由于墓室顶部与入口道路有着 15m 的高差，建筑师采用一条直跑楼梯来解决这一地形难题，并创造出一种垂直性的空间序列（图 6.3）。临时展厅分布在楼梯两侧，当阳光穿过拱形的玻璃顶照射下来，整个中庭空间呈现出一种宁静的气氛。这个楼梯可以看作成一个物理和心理层面上的缓冲区域，联系着陵墓和周边嘈杂无序的都市环境。它也体现了从一个世界到另一个世界，从一个空间到另一个空间的过渡与转换[2]。这种垂直的空间序列与传统帝王陵墓前水平的神道空间有着异曲同工之妙。

当观者穿越这个楼梯，就能够感觉到之前处于视觉焦点的立面被空间的氛围所取代。遗址的核心区包含了一系列的建筑元素，虽然在平面上仍然是对称布置的，但强烈的视觉中心感不复存在，取而代之的是一种空间上的包裹感觉。这种氛围（一种人与周围环境相互影响的独特意境）而不是视觉焦点使得观者有一种身处其中感觉[3]。莫伯治对创造独特的建筑氛围格外敏感，他的这一卓越才华集中体现在白天鹅宾馆的中庭设计上。在那里，中庭的景观结合故乡水的哗哗流动声使得异国他乡的华侨能

[1] Heidegger. Poetry, Language, Thought. p.152; Christian Norberg-Schulz, "Heidegger's Thinking on Architecture," Perspecta, 1983(20), pp. 61-68.

[2] Klaske Havik and Gus Tielens. "Atmosphere, Compassion and Embodied Experience: A Conversation about Atmosphere with Juhani Pallasmaa," OASE, 2013(91), pp. 32-52.

[3] 荷兰建筑杂志 OASE 在 2013 年出版了一组专门讨论氛围（atmosphere）的文章。其他有关的文献，参见 Peter Zumthor. Atmospheres: Architectural Environments-Surrounding Objects. Basel: Birkhäuser, 2006.

[图 6.3] 南越王墓博物馆中庭楼梯；图片来源：丁光辉

[图 6.4] 南越王墓博物馆庭院；图片来源：丁光辉

够在酒店里感受到浓浓的乡情。在博物馆项目中，建筑师出色地表达了一种属于陵墓场地的那种"原初的寂静"（primordial silence），并让游客体验和回应这种独特的感受[1]。中心庭院的草坪和回廊更是加深了这个庄严的氛围（图 6.4）。

　　莫伯治坚持通过必要的修复来保护墓室的原始结构和元素。这种最小限度的介入策略也是《威尼斯宪章》所极力强调的修复原则。钢结构的玻璃罩

体与岩石结构的墓室形成强烈的轻与重，新与旧之间的对比。这直接回应了《宪章》第 14 条所强调的："古迹遗址必须成为专门照管对象，以保护其完整性，并确保用恰当的方式进行清理和开放"[2]。玻璃罩体的伏斗状造型似乎是受到汉墓的影响，特别是位于西安郊区埋葬汉武帝刘彻的茂陵[3]。与李慧娴的方案类似的是，莫伯治也倾向采用象征性的元素来暗示博物馆所展览的内容。在墓室之内，建筑师设计了一条轻钢结构并铺有木板条的步道，架空在墓室的地面上（图 6.5）

　　莫伯治介入基地的策略也体现在南越王墓博物馆的三期工程中，也就是 1993 年完工并于次年开放的永久展示厅。这个建筑物的一层部分嵌入基地山坡的北侧，二层部分围合成一个对称的半开敞的

[1]　"原初的寂静"一词来自梅洛－庞蒂对语言的讨论。参见 Merleau-Ponty. Phenomenology of Perception. p. 184.

[2]　陈志华 . 保护文物建筑及历史地段的国际宪章 . 页 14。

[3]　莫伯治，何镜堂等 . 西汉南越王墓博物馆规划设计 [J]. 建筑学报 ,1991 年 8 期，页 28-31。

[图6.5]南越王墓博物馆墓室主入口；图片来源：丁光辉

南越王宫博物馆：展示失去的城建历史

2014年，南越王宫博物馆正式向公众开放。如果说南越王墓博物馆展示了古代统治阶级的残忍和骄奢，那么南越王宫博物馆则再现了广州历朝历代的建设成就——从南越王国高超的园林艺术到南汉国的辉煌宫殿，从唐宋元的市政设施一直到近现代的繁华城市中心。南越王宫博物馆的建造同样始于当地的文物考古发掘，特别是1995年发现的曲流石渠和1997年发现的南汉国宫署遗址。此后，广州市政府为了更好地保护文物，经过多方复杂的博弈最终在当时的广州市儿童公园原址及周边划定了面积达48000m²的历史保护区[1]。为了迎接2010年的广州亚运会，2008年市政府不顾争议决定投资7亿元在遗址上建造一座博物馆来更好地展示广州古代非同寻常的建筑，园林及城建历史[2]。在2009年举办的国际建筑设计竞赛中，广州市设计院击败德国的GMP事务所，华南理工大学建筑设计研究院和同济大学建筑设计研究院等国内外设计机构成功获得博物馆的设计权。就像建筑师郭明卓所强调的，他们的设计方案试图整合城市肌理并延续历史文脉[3]。

庭院，并通过一个中央台阶与墓室及其周边回廊相连。在这里，博物馆的纪念性氛围达到高潮。庭院的中央矗立一个金字塔形的玻璃天窗，让人联想起华裔建筑大师贝聿铭的华盛顿国立美术馆的新馆。在室外，建筑师刻意保留了基地上原有的一颗古老榕树。在室内，部分出土的文物沿着中庭布置，充分采用天窗采光，部分展品采用人工照明。在展出的展品中，最引人瞩目的莫过于那件金缕玉衣了，它的精美程度代表统治阶级的奢华和当时发达的手工艺技术。

[1]　麦英豪.广州秦汉考古三大发现侧记：文物保护与城市规划建设举例[G].广州城市规划发展回顾编撰委员会编.广州城市规划发展回顾，1949-2005.广州：广东人民出版社，2005，页169-190.

[2]　陈琦钿，赵文劼.南越王宫一期要花7亿，专家联名上书暂缓审批[N].新快报，2008年4月2日.

[3]　郭明卓.融合城市历史，传承历史文脉：南越王国博物馆建筑设计[J].建筑学报，2014年11期，页55-57.

广州市设计院的方案能够中标很大程度上是由于他们的设计较好地平衡了保护和展示之间的双重挑战，并在嘈杂拥挤的闹市区开辟了一处宁静空旷之地[1]。他们把项目分为三个主要的组成部分：沿着中山四路在曲流石渠遗址上方建造一个钢结构展示大厅，在基地的西边和北边规划建设 L 型的展览、办公综合楼，还有一个考古发掘回填之后所形成的绿化庭院（图 6.6）。这种布局展现了一种得体谨慎的处理基地的思路，把文物展示处于中心地位并创造了一处难得的公共空间。整个建筑群体以红砂岩外立面为主，建筑师试图与南越王墓博物馆进行对话并暗示展品与南越王朝的关系（图 6.7）。

博物馆的主入口位于展示大厅的东部，面向临近的城隍庙广场。其悬挑的钢结构塑造了一处凹进去的灰空间，避免与并不宽阔的广场形成一种空间上的紧迫感。由于曲流石渠遗址紧靠中山四路，博物馆并没有一个适当的观赏性前广场。在最初的竞赛表现图中，建筑师为了充分展现博物馆的南立面把靠近基地的骑楼给抹去了。但是这一想法与规划局试图完整保护中山四路的骑楼相冲突，在实施中并没有得到规划部门的许可。这样一来，对博物馆视觉形象的强调反而被身体的空间体验所代替。

展厅之内，大跨度的钢结构创造了开阔无柱的展示空间（图 6.8）。除了曲流石渠，遗址现场还包括西汉、东汉、南朝、唐、南汉、元、清等朝代的

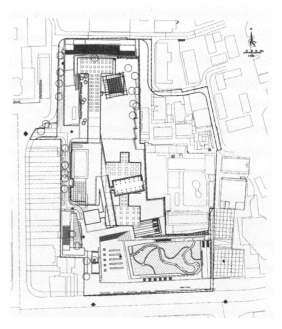

[图 6.6] 南越王宫博物馆总平面图；图片来源：莫嘉立

[图 0.7] 南越王宫博物馆总体鸟瞰；图片来源：陈中

---

[1]　对各个参赛设计方案的简要介绍，参见吴中平．珍藏或分享——公共建筑公共性的困境与机遇 [J]．南方建筑，2009 年 3 期，页 25—32。

砖井，各种各样的建筑材料，木制水渠等。展览流线的设计围绕着曲流石渠而布置（时而与水渠平行，

时而围绕着它，时而与它保持一定的距离），并考虑到了砖井等其他展示要素（图6.9）。支撑在遗址上的钢结构走廊包含部分台阶和坡道（展厅入口处的几级台阶很容易让人忽略，不但危险而且不利于无障碍通行），玻璃栏杆的设计尽可能的避免视线阻挡。这种安排不但创造了动态的体验而且强调不同展品的展示。

由于出土的文物分布在不同的地层，这使得遗址变成了一个记录两千多年来广州城市变迁的独特场所（图6.10）。一个精心保存的地层断面墙体集中体现了这一历史演变，因为它展示了南越和西汉、东汉、南汉时期的皇家宫苑，以及以后各朝代的建筑和基础设施。展厅内部以人工照明为主，这是因为屋顶上部的模拟曲流石渠的景观很大程度上限制了天窗的设置。展厅的近端出口连接着一个宽广的平台，游人在此可以俯瞰整个庭院。这个平台向上通过台阶可以到达屋顶花园，也就是一个按场景想象复原的"南越宫苑"，向下通过坡道与中山四路上

[图6.8] 南越王宫博物馆遗址大厅；图片来源：丁光辉

[图6.10] 南越王宫博物馆中遗址断面层；
图片来源：丁光辉

[图6.9] 南越王宫博物馆曲流石渠遗址；图片来源：丁光辉

的次入口相连。在入口的地方建筑师保留了基地上的古树，这个面向主路的入口也希望吸引街上的行人驻足并参观博物馆。

　　除了遗址曲流石渠和南汉宫署建筑遗址展厅，博物馆的另一个重要部分就是 5 层楼高的永久展厅了。其中展示的文物有刻有"万岁瓦当"的古代瓦片，大尺寸的方砖以及各种各样的装饰性建筑材料。就展品的意义而言，展厅接近于法国哲学家米歇尔·福柯（Michael Foucault）所描述的异托邦（heterotopia）——一个展示各个年代不同展品（之间没有太多的关联）的差异性的地方[1]。这里，差异不是指展品的物理差异性而是指观念与事物之间的隔阂或者分歧[2]。对于福柯来说，观念与事物之间的隔阂在前现代时期并不存在，因为那时候在一个由上帝创造的世界里，观念与事物之间是一一对应并高度一致的；但是，启蒙运动以来，对一个事物的解释会有各种各样的方式、方法或认识框架[3]。博物馆作为一个以某种方式或认识框架来展示事物、阐释世界的机构变成了一个再现性的空间，一个再现某些逝去了的人类文明的地方。

　　就南越王宫博物馆而言，它包含了三种不同的阐释展品的方式：具体化（embodiment），叙事（narrative）和再现（representation）[4]。首先，遗址展厅直接展示石渠，砖井和导流渠。这里，文字的解读让位于空间的体验。这些展品虽然在本质上没有什么关联，但在空间和时间维度上是连续的。在空间中游动，身体直接与展品接触，此时人们获得一种被整个空间所包裹的感觉。其次，在展厅里展览的文物来自不同的年代，但它们围绕着"两千年岭南中心地"这一主题被组织到一起[5]。策展人通过文字，模型，图片，实物以及复原场景等各种阐释工具来讲述广州建筑和城市的历史变迁以及展品之间的种种关联[6]。第三，建筑师在屋顶模拟再现了曲流石渠人造景观，并在南汉王朝的建筑和走廊遗址上设计了抽象的钢结构框架来复原它们，以此暗示它们的存在。

结论

　　在《唤醒中国：国民革命中的政治、文化与阶级》

[1] Michael Foucault, "Different Spaces," in Michael Foucault, *Essential Works of Foucault, 1954-1984*, vol. 2. Trans. R. Hurley. London: Penguin, 1998, pp. 175-185.

[2] Beth Lord, "Foucault's Museum: Difference, Representation, and Genealogy," *Museum and Society*, 2006 (1), pp. 1-14.

[3] 同上。 另外，参见 Michael Foucault, *The Order of Things: An Archaeology of the Human Sciences*. London: Routledge, 2001.

[4] Lee H. Skolnick, "Towards a New Museum Architecture: Narrative and Representation," in Suzanne MacLeod (ed.) *Reshaping Museum Space: Architecture, Design, Exhibitions*. London and New York: Routledge, 2005, pp. 118-130; Hale, "Narrative Environments and the Paradigm of Embodiment," p. 108.

[5] 南越王宫博物馆．南越国宫署遗址：岭南两千年中心地 [M]．广州：广东人民出版社，2010．

[6] 程浩．考古信息解读与遗址博物馆展示：以南越王宫博物馆为例 [J]．东南文化，2011 年 4 期，页 96-99．

一书中，澳洲学者费约翰（John Fitzgerald）描写了19世纪的西方传教士在中国建立博物馆以改变国人对西方文明的偏见[1]。在20世纪早期，进步人士（例如张謇）和地方、中央政府纷纷建立博物馆来传播科学、历史知识并唤醒民众的革命和民主意识[2]。中华人民共和国成立后，博物馆是讲述共产党人抛头颅洒热血为建立新中国而奋斗的地方。"文化大革命"期间，博物馆是阶级斗争的主要场所。改革开放以来，博物馆通过展览历史文物、宣传中华文明来进行爱国主义教育[3]。近些年来，随着消费文化的兴起，博物馆是一个吸引游客，让市民进行交流、休闲和娱乐的公共空间。

虽然博物馆的具体展览随着时间的推移有所改变，但是它作为一个用于唤醒民众的空间这一功能基本不变。就本章所分析的两个考古遗址博物馆而言，这一唤醒的空间具有两方面的含义。一方面，建筑师通过有效介入场地的策略唤醒了沉睡数千年的基地，并把基地转化为一个具有多重体验维度的公共空间。身体的体验，材料的表达以及历史氛围的营造让游人能够体会到南越王国的成就与辉煌，残暴与没落。另一方面，这一唤醒的空间是一个考古学家，官员，规划师，建筑师，博物馆工作人员以及广大市民游客等共同营造的公共领域，是一个能让人们体会到真实的、综合性的城市历史的学习场所[4]。这些共同努力的目标就是唤醒人们的文化和历史意识。这一唤醒的空间建立在对文物的再现和对场地的营造的基础之上，并通过身体对基地和展品的体验来感知、传达。

（本研究受到北京建筑大学博士启动基金的资助项目号：00331616009）

参考文献

[1] 张荣芳，黄淼章．南越国史 [M]．广州：广东人民出版社，1995．

[2] 吴宇江，莫旭编．莫伯治大师：建筑创作实践与理念 [G]．北京：中国建筑工业出版社，2014．

[3] 石安海．岭南近现代优秀建筑，1949–1990[M]．北京，中国建筑工业出版社，2010．

[4] 莫伯治．莫伯治文集 [M]．北京，中国建筑工业出版社，2012．

[5] 广州城市规划发展回顾编撰委员会编．广州城市规划发展回顾，1949–2005[G]．广州：广东人民出版社，2005．

[6] 南越王宫博物馆．南越国宫署遗址：岭南两千年中心地 [M]．广州：广东人民出版社，2010．

[7] David Leatherbarrow, *Uncommon Ground:*

[1] John Fitzgerald, *Awakening China: Politics, Culture, and Class in the Nationalist Revolution*.Stanford: Stanford University Press, 1996, p. 51.

[2] 同上．页53–54．

[3] Kirk A. Denton, *Exhibiting the Past: Historical Memory and the Politics of Museums in Postsocialist China*. Honolulu: University of Hawai'i Press, 2014.

[4] John Howard Falk and Lynn Diane Dierking, *Learning from Museums: Visitor Experiences and the Making of Meaning*.Lanham MD: Altamira Press, 2000, p. 2.

Architecture, Technology and Topography. Cambridge, Mass.: MIT Press, 2000.

[8]　Martin Heidegger. *Poetry, Language, Thought*. Trans. Albert Hofstadter.New York: Harper & Row, 2001.

[9]　Maurice Merleau-Ponty. *Phenomenology of Perception*. Trans. Colin Smith.London: Routledge, 1962.

[10]　Jonathan Hale, "Narrative Environments and the Paradigm of Embodiment," in Suzanne MacLeod, Laura Hourston Hanks and Jonathan Hale (eds.), *Museum Making: Narratives, Architectures, Exhibitions*. Abingdon: Routledge, 2012.

[11]　Michael Foucault, *Essential Works of Foucault, 1954-1984*, vol. 2. Trans. R. Hurley .London: Penguin, 1998.

[12]　Suzanne MacLeod (ed.) *Reshaping Museum Space: Architecture, Design, Exhibitions*. London and New York: Routledge, 2005.

[13]　John Fitzgerald. *Awakening China: Politics, Culture, and Class in the Nationalist Revolution*.Stanford: Stanford University Press, 1996.

[14]　Kirk A. Denton. *Exhibiting the Past: Historical Memory and the Politics of Museums in Postsocialist China*. Honolulu: University of Hawai'i Press, 2014.

[15]　John Howard Falk and Lynn Diane Dierking. *Learning from Museums: Visitor Experiences and the Making of Meaning*. Lanham MD: Altamira Press, 2000.

第 07 章
超越浪漫的注视：艺术园区、城市更新与创意产业十年后的建筑生态

肖　靖

[图 7.0] 西班牙建筑师路易斯·曼西拉（Luis Mansilla）为南京四方当代艺术湖区设计的别墅"佛手"概念图

人的思维随着思维方式的改变，也改变其表达方式；每一代人的主要思想不要再用同样的材料和同样的方式来进行书写。石刻书何等坚固，那么持久，即将让位给纸书，相比之下还更加持久，更加坚固……一个艺术将取代另一种艺术，印刷术将毁灭建筑艺术。[1]

——维克多·雨果

始于 1996 年的上海双年展在历经"开放的空间"和"融合与拓展"的艺术主题后，从 2000 年开始便开始涉及包括建筑在内的大量艺术与装置作品。与以往单纯的艺术创作展不同，2002 年上海第四届双年展首次以建筑学背景的学者和专家做为策展人团队，从此建筑与都市营造成为各类型双年展不可或缺的讨论焦点。同济大学伍江教授认为，这种现象的出现应当归因于"建筑和当代艺术各种形态之间形成的互动、互渗的关系，催生了一种全新的'整体艺术'概念……是艺术界与建筑界能够在今天携手共同组织艺术大展的原因与动力"。[2] 是次，包括 MVRDV、马达斯班、妹岛和世和坂茂在内的众多国内外建筑师开始以更明确的"参与者"身份向影像、生活、空间表现及书写等领域拓展，试图强化都市营造与建筑设计在当代文化生活中的角色。在这种背景下，一方面是建筑学界与圈内人士为能有机会在公众平台集体发声而欢呼雀跃，另一

方面则是来自于双年展传统势力的艺术圈对于建筑师这股新兴力量的审视与疑问。时任中央美院副院长、上海双年展负责人范迪安先生肯定了建筑师与艺术家之间存在身份认同的互换，双方在日益多样化的艺术文化生活中都扮演着越发融合的角色。但是，正如伍江教授在《当代中国建筑学之现状》一文中所担心和剖析的一样，如果自九十年代以来的所谓"实验性建筑"仍然沉迷于对时髦概念的炒作与误读、对艺术创作的漠视、对文化批判的无助，那么本土建筑师将无法担负起精神文化创造者的重任，从而其在双年展中前卫与思辨的分量将会大打折扣。

尽管建筑史与艺术史直到布克哈特（Jacob Burckhardt）时代才开始分道扬镳，[3] 建筑师与艺术家之间一直存在着不同程度的角色重叠与割裂。在 21 世纪的中国语境中，新世代的"整体艺术"需要追溯到 2001 年底在德国柏林策划的"土木——中国青年建筑师"展览、同年启动的"长城脚下的公社"及其次年所获得的威尼斯双年展第八届国际建筑展之"建筑艺术推动大奖"。出自本土顶尖建筑师之手的实验性建筑群能够联袂国外优秀建筑师作品而受到国际艺术界的推崇，并在接下来的时间里成功转型为酒店消费类建筑，不再是订制收藏的私人展品与玩物。都市精品生活空间被越来越多的新兴中产阶层所使用；但这种趋于消费化的建筑理念并不新潮，它从柯布西耶时代起就对早期现代主义建筑就

[1] 雨果《巴黎圣母院》第五卷二。

[2] 伍江 .2002 上海双年展策展杂感 [J]. 时代建筑，2003 年 1 月 .

[3] Anthony Vidler.*Histories of the Immediate Present : Inventing Architectural Modernism*. Cambridge：The MIT Press, 2008, 见导论部分。

发挥着重要作用。[1]建筑正小心翼翼地剔除其"灵光"而迈向大众消费与文化创意产业社会，从而成为"无法分隔的社会经济生产与社会意识形态"共同领域的一部分。

作为创意产业与产品消费的建筑设计

在融入消费社会的过程中，建筑师及其作品参与到艺术展中并成为其重要组成部分，这需要经历一个逐渐发展的过程。正如建筑评论与策展人史建所言，在上海双年展之后，2004年的北京首届国际建筑展，以及始自2005年的深圳城市/建筑双年展都体现出建筑师从参展的"弱势群体"逐渐成长为主体的变化。[2]比如近几年的深圳双年展，一方面体现出深谙建筑学界对于集群展览形式的渴望，另一方面更顺应了深圳市政府关于2030年"打造创意城市"的远景规划。[3]建筑师掌握着用创造性脑力活动换得高附加增值的生产活动，这是其能以创意群体自居并在社会生活中处于特殊地位的原因之一。至于千禧年以来建筑与艺术创作发生大规模整合事件，

基本都发轫于包括会展、艺术村改造与建筑艺术实验区在内、以艺术创新与传播附加值为主旨的新兴产业活动。

相对于劳动密集型产业来说，创意产业不受土地资源稀缺的限制，通过消耗少量的物质资源，主要利用智力资源获得高回报与高收益。这种低消耗、高回报的产业模式进而带动了城市发展方式的变革，为保护利用现存文化资源提供了更多可能性。[4]在这个新兴产业中，建筑师行业被创意产业学者理查德·弗罗里达（Richard Florida）划归到较为核心的创意区间内。[5]位于最具核心竞争力的行业包括自然科学研究者、信息工程师、经济学者、医生、建筑师、学者等相关人员，较为外延的群体通常与演艺、艺术创作相关，所以被冠以"波西米亚人"的称呼，这粗浅地代表了艺术群体常见的生活与工作状态。而在创意阶层最外侧的是高级技术人员、顾问与管理人才。可是，弗罗里达的这种三元分类方法影响巨大却又被学界广为诟病的原因，一方面在于对社会技术群体本质的粗糙认知，另一方面还因为对特定专业的模糊定位。与我们最为相关的是对建筑师行业的定位，它可以游离于核心圈与最外延部分之间，即建筑师同为研究者与高级技术人员的角色、甚至略有艺术化倾向和"波西米亚风格"的工作方式，

[1]   建筑理论中受法兰克福学派影响较为典型的是研究柯布西耶与早期现代主义建筑的Beatriz Colomina.*Privacy and Publicity：modern architecture as mass media*. Cambridge，Mass. ；London：MIT Press，1994.

[2]   史建．超速状态的"混乱"呈现：2005首届深圳城市\建筑双年展评述[J]．时代建筑，2006年1月．

[3]   见2005年深圳市政府研究报告《深圳2030年城市发展策略：建设可持续发展的全球先锋城市》。

[4]   Department for Culture，Media and Sport Creative Industries Mapping Document，*Report of DCMS*．London：DCMS，1998.

[5]   Richard Florida.*The Rise of the Creative Class：And How It's Transforming Work，Leisure，Community and Everyday Life*. New York：Basic Books，2002.

都为具体定义其创意价值的空间带来了难度。

　　另一位文化经济学者大卫·索罗斯比（David Throsby）则把建筑师摆在文化产业最外延的行业圈。[1] 在他所构想的"四环结构"中，处于中心地位的是传统艺术创作活动，其次是包括电影、博物馆、画廊、图书馆及摄影在内的主流文化产品消费与服务业，然后是古迹保护、出版、广播及多媒体游戏开发，最为外延的是从事次级图像与文化内涵载体生产活动的行业，这包括广告、设计、旅游与建筑创作。在这种以纯艺术创作为主体的产业链中，工业化体系中的艺术产品如何回应来自更广泛的社会阶层和政治环境的消费需求、如何通过生产活动促进特定文化的传播和权力寻租，成为当今资本社会文化生产的首要目标。在政治目标驱使下，过去由精英阶层小范围消费的工艺美术或高级艺术（high art）将被更具群众基础而被广泛接受的低级艺术（low art）所取代，这便是世界教科文组织（UNESCO）在推行"文化产业"时的预期。因此，商品化社会中的多元化艺术与文化创作活动可以成为促进城市经济与结构发展的动力，并在增加就业与社会参与度、吸引外部投资与营建亲人环境、促进旅游与城市品牌、增强内部艺术活力，以及形成更为完善的创新性社区（creative community）等诸多都市生活层面起到推动作用。[2]

[1] David Throsby . Economics and Culture .Cambridge: Cambridge University Press, 2001, pp.112-113.

[2] John Eger.The Creative Community: Forging the Links between Art Culture Commerce and Community . San Diego: California Institute for Smart Communities, SDSU International Center for Communications, 2003.

　　正因如此，传统的建筑设计行业及其精英化的培养方式在新时代的创新产业链背景下似乎并非处于一个十分有利的竞争位置。尽管有越来越多的建筑师开始把社会调研看做设计活动的前期准备，但在方案深化过程中，对特定使用者和社区群体的关注经常与实际需求相脱节；由于专业培养的特殊性，从业者也往往以专业壁垒自居。同时，由于设计院和建筑事务所对外输出产品（即设计方案）的单一性导致建筑设计本身无法带动和吸引更为多元化的投资。很少有跨领域和专业的技术人员能够全面融合到建筑设计活动的诸多方面与环节，因此，围绕建筑设计公司形成的社群也往往过于单一，缺乏内部活力。对于建筑师来说，为数不多的有利条件只有"营建亲人环境、促进旅游与城市品牌"这一种潜在优势，这便导致当代建筑师往往选择营建标志性建筑与越发重要且频繁的城市更新项目作为赢回票价的砝码。即便如此，在以艺术创作为核心的产业链中，建筑师无法自如地选择符合文化产业精神的生产方式并输出自身核心价值观。在设计包括公共建筑"四菜一汤"等城市名片的过程中，明星建筑师所秉承的设计理念注定无法摆脱强行注入个人倾向的空间手法以及精英式的理解方式。更为纯粹的"文化产业"式的建筑设计往往存在于房地产业，以及未来的保障房建设与城市更新改造等领域，因为只有那里才能以既不高端、也非完全粗犷的方式建立起建筑设计与大众消费间的紧密联系。

　　面对产业链的困难，这就需要建筑师去主动适应时代要求，跨出小范围自主经营的设计活动，突破以城市更新和旧建改造为口号、以建筑与建成环境作为性质单一的产品，最终止步于文化旅游的生产。因为这种类型的建筑设计活动并不能真正提高该地区环境的附加值，相反，不可避免的是对于大众消费与商业化的肤浅追求，制造一种不真实的文化场景和对伪文化符号的消费。这种广泛存在于旧城改造、文化遗产保护与民俗文化村，以及最新出现的艺术村与文化创意园区建设中的现象被文化学者约翰·尤瑞（John Urry）称为对于"浪漫的注视（Romantic gaze）"的狂热。对他来说，城市更新文化产业的最终目的是创建一种将旅游、消费和生活方式结合起来的文化性空间，而并非出于真挚地保存遗迹以及对历史溯源的争议与可能性。在转换历史建筑使用方式的过程中，真正属于在地文化认同的维度被取消，留存下来的视觉体验和表达都附带上一种"欢快"的表情，从而在转型为被大众愉悦消费的文化产品时得到变现。[1] 而这种表情，也随着艺术家与建筑师角色的"整合"，正在新兴的文创园、艺术村与建筑实验区蔓延。

在地建造与艺术多元

发轫于20世纪末期的艺术家聚落改造是建筑设计在文化创新产业领域中的先声，不过在建筑师普遍缺席的早期，基本上是艺术家以自发的形式展开艺术园区的改造工作。从1995年起北京宋庄开始聚集的艺术家到深圳大芬油画村，闲置工业厂房建筑和混合式民居建筑为主的城郊村落为早期艺术园区的选址提供了廉价的租金（图7.1）。在这个以艺术原创为主要特色的工作室群体中，以美术馆为核心的公共文化机构、私人画廊、艺术家个人工作室是艺术村产业链的独特生态特征，建筑师似乎不易在宋庄或者798园区生态链中找到合适的位置。[2] 随着城市化的不断推进，艺术村变成城市更新过程中不可避免的环节，艺术园区对自身存在的思考也逐渐转变为城市问题，建筑师与规划者便能够在反思过程中占据一席之地。北京798艺术园区从早前相对纯粹的艺术圈内部活动发展到2004年由伯纳德·屈米（Bernard Tschumi）事务所提出的高密度改造概念计划，宋庄则于2006年由DnA建筑事务所设计宋庄美术馆与艺术公社，这些都体现出建筑师成为主动参与者的变化。相对来说，上海同类型的艺术园区中建筑师则一直较为活跃，这包括2000年前后开始的新天地和莫干山路M50艺术区改造，以及台湾建筑师登琨艳领衔在苏州河沿岸旧厂房改造为艺术区、2004年再次着手改造杨树浦地区的滨江创意园区（图7.2），这些都是同一时期的产物。新近，英国建筑师大卫·奇普菲尔德（David Chipperfield）将装饰艺术风格的历史建筑改造为上海外滩美术馆，便又是一例通过城市更新来促进建筑与艺术话语权

[1] Sharon Zukin. The Cultures of Cities. Oxford: Blackwell, 1995, p.83, 271.

[2] 孔建华. 北京市宋庄原创艺术集聚区的发展研究[J]. 北京社会科学, 2007年03期.

[图 7.1] 深圳大芬油画村，照片显示出艺术村落建筑形态的多重时空结构与权力意志的输出方式。（笔者于 2015 年拍摄）

[图 7.2] 登琨艳 2004 年改造滨江创意园区方案图
（由作者编辑）

"整合"的案例。

　　必须承认，建筑与艺术设计对话机制的形成并非一帆风顺。2004 年的"贺兰山房"项目中由 12 位艺术家创作建筑单体设计最终以失败而告终，这为双方提供了一次反思自身定位的机会。这次建筑艺术实验并非像《贺兰山房：艺术家的意志》一书中所描绘的那样，能够通过构建另一种"历史"的乌托邦来占领话语权高地和制定互动的游戏规则。[1] 正如同济大学教授李翔宁所说，"这些艺术作品……真正意图往往是要对建筑学科进行一种批判甚至试图颠覆建筑空间对于艺术作品的控制，从而重新书写美术馆或者其他的展示空间……通过艺术的作品试

[1]　艾克斯星谷公司编 . 贺兰山房：艺术家的意志 [G]. 北京：中国人民大学出版社，2004.

图介入建筑生产和话语生产的讨论，并从学科自主性的角度颠覆建筑学存在的正当性价值……"[1] 作为回应，李翔宁一方面努力从建筑史中寻找一条属于建筑学科内部的"观念建筑"的批判脉络，另一方面又通过参与策展和传媒活动，号召建筑师应当勇于秉持这种批判武器，向多学科边界的创作领域积极拓展，从而支撑起一个与当代艺术互动的开放式建筑学。

从建筑学科本体的实践活动来看，伯纳德·屈米事务所的 798 园区改造方案反映出一位城市建筑师较为理性的解决方式，它能够站在城市经济发展的角度来批判地保存艺术园区作为城市创新动力的价值（图 7.3 和图 7.4）。798 艺术园区因租金问题逐渐引发了产权所有者七星集团与众多艺术家之间的矛盾，开发商意欲将园区转变为高密度商业住宅混合体，并将艺术家群体排除在园区改造参与的范围之外。屈米能够以更为长远的眼光审视艺术园区自身价值与城市更新商业潜力之间的关系，提出一种"巨构建筑"的概念模式，以一系列不同角度的网格交叉为基础，建立起一座规模为 670m×400m 的高密度"浮动社区"。这座结合住宅与休闲娱乐功能的微型城市需要用散布在园区各处共计 61 个独立垂直交通盒与 11 个主要交通枢纽作为支撑结构，多达 6000 辆停车位被安排在园区两侧边缘区域的六层高条状建筑体内，既满足了城市更新后所增加功能的附带要求，也保留了艺术园区的整体脉络，通过增加该地区的容积率，解决了开发商与艺术家的利益诉求。

[图 7.3] 伯纳德·屈米事务所 2004 年改造北京 798 艺术园区概念方案模型（图片由伯纳德·屈米事务所提供）

与建筑师个体参与到艺术家群体的园区改造不同，建筑师群体以双年展为契机与艺术家在更为广阔的平台上催生出一系列颇具影响的"集群设计"。这种设计模式以宣扬"建筑师的态度"为目标，促成了规模上有别于装置艺术展、内容上更强调范式的公众社会学现象。作为自"长城脚下的公社"以来最具国际影响力的实验展，时间跨度达十年，位于江苏南京的中国国际建筑艺术实践展便是 2002 年

[1]　李翔宁. 建筑学的自主性与当代艺术的介入 [J]. 时代建筑，2008 年 1 期，页 6—13.

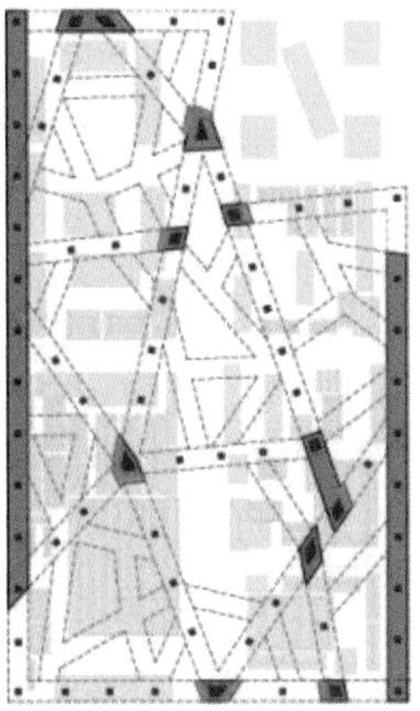

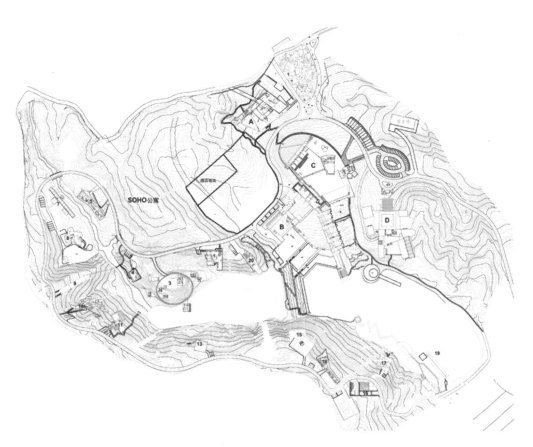

[图 7.4]798 艺术园区概念改造平面图（由作者编辑）

上海艺术双年展时艺术评论家与策展人共同探讨后的产物（图 7.5）。但是，与李翔宁选择"观念建筑"作为突破点不同，作为实践展联合策展人的建筑师刘家琨认为这个着眼于"事件性带来效应收益"的建筑展并非追求纯粹的实验性，而是强调"盖房子"的在地经验，在解决中国当下建造的实际问题与实验性理念批判之间寻求一种平衡。所以众多建筑师在设计参展建筑单体时都提出了自己的范式，从建筑师对基地作出考古学意义的推演、到生成建筑过程中建构材料本身的思考以及更富展览性质的装

[图 7.5] 南京中国国际建筑艺术实践展园区规划（图纸由南京四方艺术馆提供）

置艺术，这些都是建筑实践展本身的意义所在（图7.6）。[1] 与此同时期的集群建筑设计活动，包括建川博物馆聚落区、浙江金华建筑艺术公园、浙江杭州良渚文化村等项目，建筑师与艺术家都有更为深入的设计合作，使双方的实践活动更加多元化、体系化、范式化。

[图7.6] 建筑师王澍设计的《三合宅》
（照片由南京四方艺术馆提供）

但是，诸如此类的实践展只收录了小范围精英建筑师的建筑作品，它们并不能反映中国建筑设计近二十年来思想艺术的整体面目。事实上，如果连中国国际建筑艺术实践展这样级别的范式创造都无法成为反哺城市更新动力的孵化器，那么在国家日益紧迫的产业升级和城市发展的创新产业背景下，建筑设计作为产业更新动力和文化产品消费的合法性就会受到更广泛的质疑，其未来发展的生态环境将受到严重制约，从而在整合过程中将面临与当前艺术性话语的权力书写相比更为严厉的挑战。

反思创意产业发展十年后的建筑生态

自 2000 年国家首次正式使用"文化产业"作为概念名称开始，到 2009 年将之列为经济发展规划的关键环节，[2] 这些都体现出打造文化创意产业的道路在转变。对于建筑行业来说，创意产业本应预示着一个机遇，以高附加值艺术产品开发为核心，在形成创意群体所需的物质环境过程中带动城市更新与结构优化。这个过程需要跨领域的研究和人才培养，促成建筑与艺术学科的再整合。所以，艺术展与建筑实践展所代表的建筑与艺术创作自千禧年来融合的诸多现象本身，并非单纯出自于类似 20 世纪 80 年代对社会现象与弊端的整体反思，也不是 90 年代如约翰·尤瑞所担心的新自由主义经济模式对粗糙文化符号的"浪漫注视"与追捧，而是新兴创意市场化理念不断冲击传统学科边界的结果，驱使双方都需适时地寻找一个更具潜力的文化产品平台。

一方面，在这个平台所依托的产业链条中，能否得到创意行业发展方向的话语权、攫取最有商业附加值的设计上游影响力，是对公众来说感官上较为高级的"整合艺术"活动越来越多的深层原因；另

---

[1] 梅蕊蕊. 参展建筑师谈中国国际建筑艺术实践展 [J]. 城市建筑，2005 年 5 月.

[2] 2000 年《中共中央关于制定国民经济和社会发展第十个五年计划的建议》；《文化产业振兴的规划》(2009 年第 30 号文件)。

一方面，为了满足新兴创意社区群体对城市空间品质的物质及文化需求，在政府的政策资金投入与房地产开发的利益驱动下，在传统房地产住宅开发日渐疲软时，建筑公司除了更多开启旅游地产等新型的开发模式外，也逐渐将精力转向以文化创意园为主的创意城市的更新项目。不过，建筑师在这个以服务于各类小规模艺术创作工作室为主要目标的生态圈中似乎又一次扮演着尴尬的角色。在强调艺术工作者、创意企业、社会教育机构、私人开发商与投资者，以及规划部门之间高度交流协调、联合开发的体系中，由于建筑院校培养能力以及建筑公司服务性产品的单一性，建筑师越发处于边缘地带。这不仅仅是因为文创园区建筑本身设计的创新性下降，更因为以在限定地点被物化为主要目标的建筑方案无法比拟创意公司的文化产品，后者能够通过互联网络渠道在更为广泛、更加多样化的虚拟平台变现，从而得到高附加值的回报。某种程度上，这就是建筑师职业位于索罗斯比"四环结构"边缘的原因。

从 2004 年上海八号桥与田子坊改造为文化创意园区开始，上海便率先以政策倾斜来支持以文化创意园为动力的城市更新。市政府随后于 2005 年相继成立创意产业协会和产业中心、社会科学院创意产业研究中心，五年内更是建立了多达 18 个文化创意园区，想要模仿纽约的苏荷区（SOHO）及伦敦的泰特现代艺术区（Tate Modern）等国际著名艺术区活化项目；到 2010 年上海市被推选为 UNESCO "设计之都"时，创意产业占全市 GDP 已超越 8%，然而建筑

[图 7.7] 深圳华侨城 OCT-LOFT 创意园改造
（笔者于 2015 年拍摄）

设计在这个创新体系中所占比重却不足 15%；[1] 尽管如八号桥这般成熟的文创区，较为集中地吸引了包括 S.O.M、B+H、ALSOP、奇普菲尔德等十家著名建筑师事务所，但是由于单一的建筑设计产出方式，园区的主要收益仍然依赖与旅游相关的消费渠道，超过 5000 万元的旅游收入主要依赖于通过旧厂房改造来塑造现代文化气息与创意风尚，进而带动周边产品的销售。全国范围内，包括北京市石景山数字娱乐基地、中关村、大山子、亦庄新媒体区、东城区动漫网游研发中心在内的六大文创基地布局，杭州 Loft49 园区、西湖创意谷与白马湖生态城，南京创意东 8 区，广州 1506 创意城、工业设计城，成都红星路 35 号，以及深圳的 F518 时尚园、设计之都园区、华侨城 OCT-LOFT 文化园等等（图 7.7），基本上都秉持工业厂房改造、历史建筑旧址活化的套路，试图

---

[1]　根据 2009 年上海创意产业发展报告，建筑设计比重为 13.72%，服装设计为 6.89%，文化媒体为 4.75%，顾问咨询达 25.30%，研发部分占 49.34%。

依托特有的建筑风格和历史底蕴来吸引与产业相关的公司和机构。

可以发现，建筑设计的输出方式主要集中在老旧建筑改造，弥补现代功能的缺失与美化环境，进而完成历史建筑保护从文化文本到文化资本、再从文化资本到文化商品的转换。[1]可是在缺乏懂得建筑保护价值评估与创意建筑设计人才的条件下，若以这种单一的身份参与营建创意园区，建筑行业不但会处于产业链的下游，而且迟早面临与其他企业相同的危机，比如低端设计市场的恶性竞争以及在高端市场缺乏文化产品的核心竞争力。正如台湾建筑学泰斗汉宝德先生在反思文创发展时所言，这种"低技"的古迹再利用，"并不是文化产业，而是一般房地产之用途而已，不可能创造更大的产值……抽取市场价值的因素，加以创意的改造……经由文化机构向大众公开，美术馆、博物馆与剧场之经营，因此也成为文创产业。老实说，这部分的效能在产业上看还是很有限的，甚至可以完全忽略……"[2]就目前情况看，当创意园改造完成并开始运营时，建筑方案设计中最实际、最高效、最直观、最易回收的产业价值部分已经变现，只剩下通过对文化符号的阐释与再阐释，逐渐转向辅助创新性低的旅游消费环节，甚至变为纯粹套现政府资助或变相开发商业住宅混合地产模式的工具，从而在新一轮城市更新中迷失了立足之本。

结论

清华大学建筑学院周榕教授说建筑师库哈斯可以成为一个阐释中国建筑界的动词，当时代大众和建筑界都被"库哈斯"以后，看似强大的建筑学传统规律与精英法则变得孱弱无力，转而对建筑师职业起决定性作用的是如何塑造针对更为广泛的群体消费的虚拟世界；也正因为如此，在早前井喷般蓬勃发展的建筑业背后，建筑师始终处于无法阻挡的世界性资本与消费体系的危机中，而且变得越发手足无措[3]。建筑设计创造性泯灭的危机在现阶段文化创意产业的转变过程中体现得尤为深切。同济大学教授张永和在参与2012年伦敦维多利亚·阿尔伯特博物馆（Victoria & Albert Museum）《创意中国——当代中国设计展》讨论时指出，与制造一辆汽车相比，我们建造一栋房子的方法"简直落后得惊人"。[4]

建筑设计的出路，一方面在于吸收先进科技成果，研发与应用更符合社会需要的材料与结构体系，另一方面需要重新审视传统建筑产品的变现渠道，在与艺术活动及其相关产业整合的过程中，不是简单沉迷于对设计风格、手法、形式阐释与再阐释的怪圈，而是寻求如何把建筑方案转变为能够更多、更快、更广泛、更新颖地被大众消费的文化产品。当屈米的798改造方案看上去不再刺眼，当创

[1]   徐苏斌.从文化遗产到创意城市——文化遗产保护体系的外延[J].城市建筑，2013年3月.

[2]   汉宝德.文化与文创[M].台湾：联经出版，页106、156.

[3]   周榕.库式话语与库式话语共同体[J].设计新潮，2010年8月.

[4]   参见Domus国际中文版网页：http://site.douban.com/domuschina/widget/notes/3662002/note/207521465/【检索日期：2015年11月15日】.

意园区中历史建筑和艺术工作室的表皮躯壳变得不再光鲜，也许那时才是我们开始真正深入理解建筑师与艺术家的话语整合以及艺术村、城区改造与创意产业现象背后隐藏危机的真正契机。届时，我们回过头来，重新审视首届上海双年展开启的建筑新风潮。在那次风潮中初露端倪的不仅仅是建筑师对于文化反思精神的匮乏、对当下都市困境缺乏身体力行的观照以及自身美学标准和方法论的缺席，更有一种对自身定位的焦虑。这种焦虑曾间接地怂恿了艺术家群体试图从建筑师手中接过火种，彷徨地越过建筑师专业技术的视野，直接投身到新时代真实的城市图景中。可面对创新产业带来的巨大潜力和挑战，二者似乎并未做好准备；只有更为客观而深入的反思，才能进一步促成建筑与艺术的跨学科整合，摸索到创新产业时代城市更新与文化生产的脉络。

参考文献：

[1]　John Urry.The *Tourist Gaze*. London and New Delhi: Sage, 1990.

[2]　Jean Baudrillard. *The Consumer Society: Myths and Structures*. UK: Sage, 1998.

[3]　Walter Benjamin. *The Work of Art in the Age of Mechanical Reproduction*. trans. J. A. Underwood.London: Penguin, 2008.

第四部分

城乡新概念

- ·城中村
- ·大学城

第 08 章
城中村：城乡连续体中的
"孤岛"

郑　静

[图 8.0] 广州石碑村

我们也应该承认，城市与乡村生活有时是相互对立的社会系统。进一步而论，人类定居史的理论必须建立在对乡村——城市这个连续统一体的分析基础之上，作为完整分析单元的城市必须被看作是一个相对的概念。[1]

　　　　　　　　　　——斯皮罗·科斯托夫

一、城市化与新城乡关系

　　要理解中国的城市主义，我们不能忽视中国的城乡关系在过去几十年间的急速转换。中国自古以来是一个以农业为根基的国家，绝大部分的人口都在农村地区生活和工作。1949 年中华人民共和国建立时，城镇人口仅占人口总数的 10%。1978 年，城镇人口占总人口的比例是 17.9%，还不到总人口的五分之一。改革开放带来了整个国家经济的高速发展，这一发展直接形成了以北上广等大都市为中心的各大都市圈和以各省省会为主的大中城市群。到了 2014 年，改革开放之后的第 36 年，中国的城镇人口首次超越了农村人口，达到了前所未有的 54.9%。这其中的大部分人口集中在以北上广为主的各大都市圈及各省会城市。

　　在过去三十余年间，进城定居的农村人口，数量已经超过了原有城市居民的两倍。在传统的中国社会中，城市的规模一般不大，很少可以被称为都市。而城市里的农村人口也大多只是匆匆过客，他们虽然在城市工作，但根大多还留在农村。但过去几十年间，在社会制度和市场经济的推动下，来自农村的人口通过教育和就业等途径进入都市。有别于传统的农村人口，这些新移民融入了都市社会中，成为了新的都市人。他们中的大部分人，不再仅仅是从事体力工作的廉价劳动力，而是更成功地进入了都市生活中的不同阶层，并在中国整个社会的运作中扮演着重要的角色。他们不仅参与到各类生活用品的生产中，也是这些生活用品的主要消费者；不仅参与到建筑材料的制造和工程的建设中，也是都市住宅购买的主要力量。

　　城乡关系的转变在整个中国社会发展过程中的重要角色，直接体现在国家政府中主管建设方面的部门的名称上。在 2008 年，主管国家基本建设的部门名称由"建设部"更改为"住房与城乡建设部"[2]，体现了当今中国最急切需要解决的问题，是解决居住以及城乡关系的合理转换。而中国城市主义所面对的城市建设的基本问题，就在于解决这些急速增加的城市人口所面临的居住、交通、生活、娱乐等问题。

　　在城乡关系转变过程中先后产生了两种不同的现象。一是由农村人口为主导的自下而上的建设，即城中村；一是由政府规划部门主导的自上而下的开发，即一般意义上的城市开发。

---

[1]　参见 斯皮罗·科斯托夫 . 城市的形成——历史进程中的城市模式和城市意义 [M]. 北京：中国建筑工业出版社，2005.

[2]　参见《住房和城乡建设部历史沿革及大事记》，北京：中国城市出版社，2012.

二、中国的城与乡

有别于世界上的其他国家,中国历史上对于"城"和"乡"的人口一直有着明确的划分。自秦汉基本延续下来的户籍制度,把人和土地用途紧紧地绑在了一起。而在汉朝开始的"编户齐民"的户口登记制度,已经具体将每一户的成员、性别、年龄、籍贯、财产等等信息统一收集管理,并在每一年进行更新。因而在中国的传统社会中,每一个人都具有他所归属的明确的户籍管理机构,如家族、里社、寺庙等等。国家通过严格的户籍管理,统一分配每一个具体的个人对国家履行的科举、税收及劳役等义务。

到了宋朝以后,由于城市的发展,户籍制度开始出现了"坊郭户"与"乡村户",即今天我们所说的城镇户口与乡村户口。在20世纪以前,绝大部分的人都是"农村户口",城市里则大多是"浮客",即流动人口。在城市中,即便是位高权重的行政官员或是腰缠万贯的豪商,也大都只是寓居城里,户籍依旧留在乡村,在退休之后也会选择告老还乡。

二十世纪之前,中国大部分的城都是封闭的,有着厚实而高大的城墙,把城里的人和城外的人分割开来。然而,二十世纪之后,中国的城不再封闭,与乡村之间也不再有着明显的边界。尽管如此,直到中华人民共和国初期,城乡二元户籍制度依旧存在,并严格限制了人口在城市与乡村之间的自由流动。尤其是预防大量从农村涌入城市谋生的人口。一般认为,这些人文化程度不高,会扰乱城市治安,被称为"盲流"。这一限制也使得中国的城市未如世界其他地方一样,在二战之后得到迅猛的发展。

一直要等到1978年改革开放以后,由于经济发展需要大量劳动力,沿海特区及北、上、广等城市才开始将来自全国各地的大量农村人口吸引进来。有别于中国的传统社会,当代的城市发展,为新移民提供了相应的福利及便利的生活设施吸引他们留下来。这一转变直接导致了城市在人口和地域上在很短的时期内不断扩张,并逐步形成了许多有中国特色的大规模都市。但与此同时,对应的规划和建筑规范却并没有跟上。

城市的急速迅猛扩张,在地域范围上的直接后果,就是将许多原来的村庄纳入了都市的版图之中,形成了城中村。中国目前的土地所有权实行二元所有制结构。具体来说,依据《中华人民共和国宪法》第10条,《中华人民共和国土地管理法》第8条规定,"城市市区的土地属于国家所有","农村和城市郊区的土地,除由法律规定属于国家所有的以外,属于农民集体所有;宅基地和自留地、自留山,也属于集体所有"。所谓的"城中村",便是那些在人口分布上已经纳入城市范围,但在土地权属上还执行农民集体所有制的特殊地块。这是由中国的城乡二元户籍和土地制度在快速城市化进程中出现的历史产物,是研究中国都市问题不可忽视的部分,也是世界城市化进程中非常独特的现象。

三、城中村:城市包围农村

当超越原本城市容纳能力的大量新移民在短期

内迅速涌入城市时，会在居住场所、交通设施、工作空间、生活条件等方面产生大规模的急切需要。而这里面最难以解决的，就是居住场所。

为了解决底层劳动力的居住问题，很多发展中国家在城市快速扩张过程中都出现贫民窟的现象。贫民窟指的是"以低标准和贫穷为基本特征的高密度人口聚居区"，它们大多地处城市中心附近产权不明的地块，常常是临时搭建的构筑物，不具备现代城市生活所必需的水、电、卫生等基本要求。除了生活条件恶劣之外，由于人口密度极高，流动性大且鱼龙混杂，也常常是犯罪集中的地区，成为城市发展中的巨大隐患。[1] 在南亚及南美的贫民窟中可以看到这类非正规住宅。[2] 类似于城中村的状况，香港在二战之后也曾经出现，如 20 世纪 90 年代拆迁的九龙城寨。[3]

相比之下，中国的城中村原本是土地集体所有制的农村，具有相对明确的土地产权和社会组织关系。城中村形成的基本模式是，村民在自家原有的宅基地上建造高层住宅，出租给外来移民居住。对于租户来说，由于现存的城中村大多位于城市中交通相对便利之处，而租金相对于临近地段要低廉很多，虽然居住条件较差，但依旧是性价比很高的容身之所。而对于作为房东的村民来说，他们原本耕

作的土地大多已被征收为国有土地开发，因而房屋租金也就成了他们日常收入的主要来源。

和其他国家城市化过程中出现的贫民窟相比，虽然同样是容纳大量外来移民而产生的高密度社区，城中村内的建筑却大多保持在一个边界之中相对有序地发展。这个边界，就是原有农民的宅基地，根据农村的土地制度，每户人家的建筑占地面积有一定的限制。因而不管在利益的驱使下，农民将住宅建得多高多密，建筑在底层平面上都不能逾越这个边界。这也就产生了人们常说的一线天，握手楼等建筑形式。也正是因为有这样的边界以及基本的规章，1990 年代以后中国大量出现的城中村成为了世界城市史上独特的建筑现象。

在社区管理上，中国的村庄传统上具有很稳固的社区管理结构，通过祠堂、庙宇等机构组织日常仪式和处理生活纠纷。这一管理系统在新中国成立后大体转化成村民委员会。在城中村中，虽然大部分村民已经迁出，但由于传统观念的延续，还留有许多祠堂和庙宇，尤其在华南地区。这些农村固有的社区组织场所至今依旧是村民日常聚会和决策讨论的主要场所。因此相对于一般的城市居住区，城中村承袭了农村的组织方式，往往具有更强的社区组织结构。

[1] 参见 http://unhabitat.org/urban-themes/housing-slum-upgrading/

[2] 参见 Ananya Roy, and Nezar AlSayyad. Urban Informality: transnational perspectives from the Middle East, Latin America, and South Asia. Lexington, 2004.

[3] 参见 Ronald Knapp. China's walled cities. New York: Oxford University Press, 2000.

四、城村之问：华南地区的二个案例

1. 广州石牌村：宅基地上建起的出租屋
中国的 IT 行业，有着"北有中关村、南有石牌村"

的说法。位于广州天河区的石牌村，紧邻广州太平洋电脑城商圈，是华南地区的 IT 业重镇。早在 2005 年，石牌村已有 3656 栋私人基地上建造起来的住宅，总面积超过 66 万 ㎡，出租房屋的收入每年超过 10 亿元。[1] 据石牌村街道办工作人员说，由于城中村内居住条件不好，石牌村村民大多已经迁出，现仍住在村里的不到 3000 人[2]。但整个石牌村入住的外来人口已超过 10 万人，大都是外来的打工者。其中一半是天河区各电脑城的 IT 工作人员，约三分之一是在附近娱乐及商业场所服务的工作人员。

[图 8.1] 石牌村鸟瞰相片

石牌村的发展据石牌村志记载，1912 年石牌村所属的耕地面积达 4800 亩。但由于城市化的发展，到了 1994 年，石牌村的农田已基本被征用完毕，只剩下村民居住地及少量留用地，总面积不到 10 亩。20 世纪 90 年代中叶，石牌村的耕地基本被征收完，村民的生活由 "种地" 转向了 "种楼"。如 1981 出生的村民董维冲（化名）回忆道，1992 年他们家把原有的瓦盖房推倒，盖了一栋 5 层的小楼。到了 1996 年，家里的田地都被征用完毕，父母又把刚盖好不久的 5 层小楼推倒，用补偿款和借钱的方式，建了 7 层高的楼房。其中的六层房屋用于出租。当时家里建楼花了 40 多万，其中将近一半是借的，之后用房租再慢慢的还。

[图 8.2] 石牌村祠堂与出租屋

尽管建造了高层出租房，石牌村内的道路依旧延续着原有村落宅基地划分的格局。村内有 20 多条

狭小的街巷，至今在各街巷的入口处依旧刻着街巷传统命名的门楼如：朝阳、凤凰、长盛、迎龙、龙跃、笃行等等。村民董小博（化名）也回忆道，他们家把平房翻建成 7 层楼高的水泥楼房之后，一下子增加了 20 多间单间的出租屋。整个九十年代，石牌村就是一个大工地，所有亲戚纷纷行动，分厘必争。由于延续了原有的街巷格局，房屋之间的间距很窄，

[1] 蓝宇蕴，张汝立（2005）."城中村成因的探析——以广州市石牌村为例的研究."中国农村经济（11）：68-74。

[2] 迟金汉．石牌村志．广州：广东人民出版社，2003。

[图 8.3] 石牌村口的出租屋广告

人们站在阳台上就可以握到手。也正因为如此，这些城中村的楼房又被戏称为"握手楼"、"接吻楼"、"一线天"、"贴面楼"等等。

　　产生这种现象的原因是，对村员在自己宅基地上建屋的问题，政府早期并没有具体的规定。在 20 世纪 60-70 年代，有些村庄会根据实际情况自行规定，如房屋间距不少于 50cm，前后巷之间要有 5m。但这只限于新中国成立后新建的宅基地，村内已有的历史建筑就很难遵循这个要求。20 世纪 80 年代，农村建房要到镇、街道报建，但当时并没有硬性的规定。直到 20 世纪 90 年代后期，政府规划部门对农村建房

进行干预，此后新建的房屋才需要报区规划局审批，但到了那时，大部分的城中村都已经翻建完毕。

　　2. 深圳大芬村：新产业与新功能

　　大芬村位于中国广东省深圳市龙岗区布吉街道。在 20 世纪 90 年代之前，它是一个只有 300 多村民的客家聚落。1989 年，一位名叫黄江的香港画商到这里租用了一间民房，雇佣了十几个画工，开始了当时国内少有的油画加工、收购、出口的产业。随后几年，大芬村又开了另外两家规模较大的专门经营油画收购和外销的画商，并分别租房雇佣一批专门为其供货的画工。在短短十几年间，大芬村形成了油画生产、收购和集中外销的一条龙体系，越来越多的画师迁到这里安营扎寨。最终，油画这一在偶然机遇下舶来的产业，彻底替代了原有村落的农业功能，大芬村也一跃成为了世界美术产业中著名的"大芬油画村"。[1]

[图 8.4] 大芬美术馆

　　今天，大芬村已成为深圳市区的一部分，征地之后的城中村的占地面积仅 0.4km²。村内有多家画廊，

[1]　参见大芬村的官方网站 http://www.cndafen.com/

1 万多从事相关美术工作的外来人口。大芬油画村内主要有黄江油画广场、茂业书画广场、集艺源油画城和大芬罗浮宫四个相对集中的展销中心。早在 2005 年,大芬油画村的交易额便已超过 2 亿元人民币,其中 90% 销往欧美及中东。

村内早期的产业以复制著名艺术品为主。画工陈玉行(化名)介绍,他们的工作主要是在打印好底稿的油画布上上色。村内仅有不到三分之一的画工毕业于正规的美术院校。画工的工作机械且重复性高,只要有基本的色感和技巧即可。一个熟练的画工每天可完成两三幅油画。大芬每月的油画生产能力达数万张。这些油画大多销往国外作为商业空间和住家的室内装饰。有些国外画商甚至也在村里租房长住,直接接洽油画的出口批发生意。

到了 2000 年以后,大芬村在复制艺术品之外,慢慢出现了原创油画、国画、书法、工艺、雕刻等相关的艺术产业。艺术创作逐渐成为了大芬村产业发展的方向。来自俄罗斯海参崴和朝鲜人民画家的作品都曾在大芬村举办过专场展览。而许多中国画家如著名画家路中汉、湖北美协的鲁慕迅先生也曾到大芬村开设画展或设点作画。

2006 年,深圳市政府及龙岗区政府投资 8000 万元建设了大芬美术馆,总建筑面积 16867m²。内设商务洽谈室、学术报告厅、油画展示厅、画家工作室、地下停车场等。这一地标性公共建筑的兴建,使大芬村慢慢远离了人们对城中村的刻板印象,在深圳的城市功能中占据了特别的位置。

3. 厦门曾厝垵村:民俗特色与旅游配套

曾厝垵村位于厦门岛的东南部,三面环山一面

[图 8.5] 曾厝垵村入口

临海。一直到 2000 年以前,都还是一个民俗特色浓郁的渔村。随着 20 世纪末厦门环岛路的开通,以及 2001 年厦门大学学生公寓的建设,曾厝垵村逐渐由一个偏远的村庄变成紧邻胡里山炮台、白城沙滩、厦门大学、椰风寨等诸多旅游景点的黄金地段。近年来随着厦门旅游产业的发展,村内家庭旅馆迅速兴起,年游客流量达 300 万人次。

曾厝垵是一个有着独特民俗与建筑特色的村落。在 20 世纪初,如同闽南地区的许多村落一样,曾厝垵大部分的男丁都到南洋打工。这些华侨回来之后,返修自家的房屋,建造了当时时兴的红砖厝和番仔楼。在民国初年,华侨是当时厦门城市化的主要推手。如曾厝垵村里的著名华侨曾国办先生就曾投资了思明电影院、乡村公路、出岛运输等当时颇为先进的产业。至今村内仍可见到许多海外的影响如来自菲律宾的铁花、中国台湾日据时代生产的瓷砖等。此外,村里的宗教与社区结构至今在村民的生活中扮演着重要的角色,如与村落隔着环岛路的圣妈宫、

[图 8.6] 曾厝垵村祠堂

村口的福海宫等等。

　　有别于其他城中村，曾厝垵所有这些村落特有的民俗现象，正是这个村子吸引游客的地方。也正因为如此，曾厝垵的发展未如一般的城中村一样出现大量的翻建与改造，而是在原有建筑的基础上进行最低程度的整治，以求留住村庄的原貌。

五、城市走向农村：都市圈的发展

　　有关于城中村最大的争议，是基础设施、建筑

质量、生活条件和治安问题。城中村缺乏整体的规划和系统的投资。出租房的业主大多是原有的农村住户，自发筹钱在宅基地上建造房屋，因而社区内的基础设施以及建筑结构条件一般较差。加之住户多为流动人口，对居住环境维护意识有限，常常形成脏、乱、差的生活环境。

　　这些也是近十几年来中国政府处理城中村问题的主要关注点。例如城中村现象最为集中的广州市，根据规划，2020 年前共有 138 个城中村将进行整治，其中 52 个进行全面改造，86 个进行综合整治。占地面积达 87.5km^2，占城市规划建设总用地的 22.67%，所有城中村改造总共约需 2000 亿元的资金投入。综合整治主要包括雨污分流，电力、电视、电信"三线"下地，市政、消防等设施达标等，其主要目的是要改善村民的居住环境和拆除违章建筑。在整治城中村的同时，注意力转向都市圈的开发。而全面改造指的是对原址重新规划和另行安置村民。

　　在关于新城乡关系的转型中，这也是最有争议的部分。在此背景下产生了很多有关于都市圈或组团式城市群[1]的讨论，并得到了政府的支持，逐渐成为中国都市化未来的方向。都市圈的发展跳脱特大都市的扩张，着眼于中小城镇的发展以及城市之间的联系，利用城际铁路等新型交通方式，从而避免了城中村的不断出现，也形成了更环保的城市化网络。

　　都市圈的概念由法国学者戈特曼（Jean Gull-

[1]　参见中国城市发展报告编辑委员会．《中国城市发展报告》．北京：商务印书馆．2003．

mann）提出。其主要条件是区域内有比较密集的城市；各大城市各自形成各自的都市区，核心城市与都市区外围地区有密切的社会经济联系；有联系方便的交通走廊把核心城市连接起来，各都市区之间没有间隔且联系密切；必须达到相当大的规模，人口在2500万以上；属于国家的核心区域，具有国际交往枢纽的作用。[1]世界上现有的著名大都市圈有日本关东大都市圈、京阪神大都市圈、大伦敦都会区、芝加哥 - 匹兹堡都会区等等。

一般认为，中国目前的大都市圈有三个，京津唐、长三角和珠三角。京津唐都市圈以北京、天津双核为主轴，以唐山、保定为两翼。包括了北京、天津、河北的唐山、保定、廊坊等2个直辖市、3个地级市、5个县级市、面积近7万 km²，总人口为4500多万人。长三角大都市圈以上海为中心，包括江苏的南京、镇江、扬州、台州、南通、苏州、无锡、常州以及浙江的杭州、嘉兴、湖州、宁波、绍兴、舟山等15个地级城市。珠江三角洲都市圈包括广州市区及所辖花都、从化、曾城、番禺四个城市，深圳、珠海、东莞、中山、佛山、肇庆、江门、惠州等，总人口超过三千万。此外主要省会城市也在慢慢形成都市连绵区，如济南 - 青岛地区、福州 - 厦门地区、武汉 - 宜昌地区、成都 - 重庆地区、西安 - 宝鸡地区、郑州 - 洛阳地区、长沙 - 株洲 - 常德地区，长春 - 吉林地区、哈尔滨 - 齐齐哈尔地区等等。

在此背景下，中国的城市化未来的发展将会更加全局性地考虑空间地域综合规划体系。发动民间力量进行自下而上的、离土不离乡等发展，通过小城镇的建设达到城乡一体化。

高速城市化带来的新城乡关系会产生两个方面的影响。一个方面是大量农村人口往城市里定居产生了大规模交通、工作、生活、居住场所的需要，这些新的需要拓展了城市的疆界，也挤压了原有近郊的土地，产生了许多的城中村。另一个方面，则是特大城市功能与规模的分解，通过便利的城际交通，连接起散落于乡间的城市网络。中国的新城乡关系根基于人口结构的彻底转变和由此衍生的功能需求。

城中村作为由城乡关系改变的需要而产生的城区形式，是基于本土地缘与政治特点产生的特别的城市化现象。随着城市更新的深入和都市圈建设的开展，这一现象也将逐步消失，成为中国城乡发展史上的一个篇章。

参考文献

[1] 中国城市发展报告编辑委员会 . 中国城市发展报告 [M]. 北京：商务印书馆，2003.

[2] 迟金汉 . 石牌村志 [M]. 广州：广东人民出版社，2003.

[3] 斯皮罗·科斯托夫 . 城市的形成——历史进程中的城市模式和城市意义 [M]. 北京：中国建筑工业出版社，2005.

---

[1] 参 见 Jean Gottmann. Megalopolis；the urbanized northeastern seaboard of the United States. New York：Twenty Century Fund，1961.

[4]　住房和城乡建设部.住房和城乡建设部历史沿革及大事记[M].北京：中国城市出版社，2012.

[5]　Ananya Roy, and Nezar AlSayyad. *Urban informality: transnational perspectives from the Middle East, Latin America, and South Asia*. Lexington, 2004.

[6]　Jean Gottmann. *Megalopolis: the urbanized northeastern seaboard of the United States*. New York: Twenty Century Fund, 1961.

[7]　Ronald Knapp. *China's walled cities*. New York: Oxford University Press, 2000.

第 09 章
知识型城市的钥匙：大学城

陈家骏

[图 9.0] 华南师范大学南海学院

大学是知识和智慧的泉源，是思想辩证和科技革命的重要场所。在文化、美学、道德的领域上，它影响着一个文明社会的塑造。大学更对城市的经济发展和建设环境发挥不可或缺的推动作用。可是即使对社会建构产生了种种的贡献，大学在城市环境中所占的位置却往往未能被清晰界定。大学与其周边从一开始便呈现一种既对立且重要的矛盾关系，这便是常被引述的所谓"校园与城区"（town-gown）的特殊关系。[1]

——戴维·佩里、维姆·维维尔

在中国当代城市规划发展中，大学城建设是一个耀眼的亮点。大学城的出现，可以从几方面理解，当中最显著的原因，是知识经济的冒起。改革开放三十余年，中国大力推行市场经济，加强第二产业的发展，成为名副其实的世界工厂，当中所获得的经济成果显而易见。但对制造业的过分倚重，从国家可持续发展的角度来看，效果并不理想，其中最受争议的莫过于对生态环境的污染、天然资源的损耗、劳动成本的增加。知识经济在社会发展中所占的地位日益重要，其有赖于信息及通讯科技的革新。相比起传统资产如资本、劳力、原材料等，无形资产包括知识、技能、创新概念在新型经济格局中显得更具竞争性。在 2004 欧洲联盟发表的 "Facing the Challenge: The Lisbon Strategy for Growth and Employment" 报告中，强调了建立起知识型社会对欧洲经济体未来发展的重要性，这意味着知识型社会的概念已超出了纯粹的学术研究发展，扩展至一切以知识为增长要素的各项社会活动中。从工业经济走向知识经济的形态转变中，以高等教育为推进器、大学城为载体的增长源，对成就社会迈向高级形态进化起了关键作用。因此西方政府有鉴于二次大战后社会有急速发展的需要，纷纷投入建设高新技术开发区，促进大学与企业紧密合作，形成大学城发展的新形态，当中著名的有美国斯坦福大学工业园、日本筑波科学城、苏联西伯利亚科学城等（图 9.1-9.3）。这种政府推动发展的大学城，在形成的本质上，与 12 世纪起在欧洲出现的第一代大

[1] Perry D C & Wiewel W. *The University as Urban Developer—Case Studies and Analysis*. New York: M.E. Sharpe, 2005, p.3.

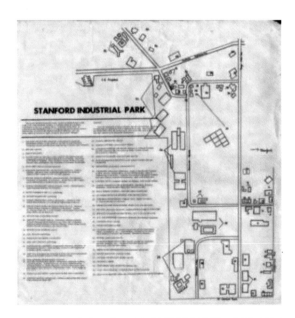

[图 9.1]1970 年美国斯坦福大学工业园平面图

[图 9.2] 日本筑波科学城规划图

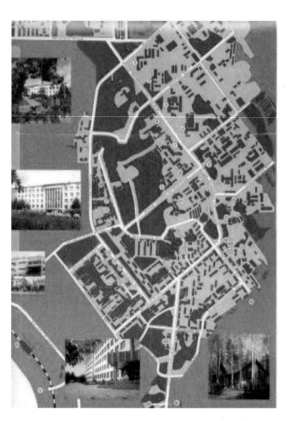

[图 9.3] 苏联西伯利亚科学城平面图

学城有显著分别[1]。

美国建筑历史学家约瑟夫·里克沃特（Joseph Rykwert）认为大学在现代建筑中的象征意义堪比古希腊的神庙、罗马帝国的浴堂、中世纪的教堂、17世纪的皇宫和 20 世纪 20–40 年代的公寓大楼。大学城的现代意义及功能，可从诞生于美国的第二代大学城谈起。1862 年南北战争结束后，为适应"工业革命"和"西进运动"对农工技术人才的需要，美国国会通过《莫雷尔法案》以捐赠土地的方式资助高等教育发展，推动了州立大学的数目迅速增加，史称"赠地运动"。在众多学院中，以康乃尔大学校长安德鲁·怀特（Andrew White）提出的"通用课程"

---

[1] 欧洲传统大学城如牛津、剑桥、海德堡等，均被称为"自然发展型"的大学城。其出现的原因是早年的经院学者迁徙聚集，形成了各个以学术活动为中心的小社区，其后社区内人口增多，社会经济活动频繁，最终产生出一种以学院和城镇互相依附存在的城市模式——大学城。大学城内师生的居民比例甚高，小区的活动和规划亦多以配合大学发展所需为目标，以致校院和城市具有一体化的整合空间。

和威斯康星大学校长查尔斯·范海斯（Charles Van Hise）提出的"威斯康星思想"最具影响力。前者的信条是"让任何人获得任何学科的教育"，后者则认为"大学要忠实地为社会需要服务"，两者创立了大学除教学、研究外直接为社会服务的第三职能[1]。而为了配合社会对自由民主化的普及教育思想的追求，各大学均以 1817 年美国第三任总统托马斯·杰弗逊（Thomas Jefferson）为弗吉尼亚大学规划的"学术村"（Academical Village）（图 9.4）为设计典范。

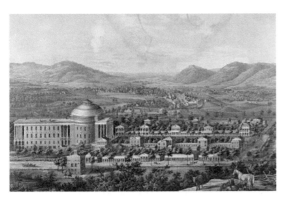

[图 9.4] 美国弗吉尼亚大学的"学术村"校园

至 20 世纪 50 年代二次大战结束后，社会经济急速发展，加上东西方阵营对垒，欧美国家对高等教育的需求非常殷切，当中尤其重视与工业界的合作关系，使大学成为一个集科研、教学、产业的综合载体，美国斯坦福大学工业园便是第三代大学城的先驱，成立于 1951 年。建立斯坦福大学工业园最初的日的是

为鼓励学生在当地开创科技事业，并以租金增加大学收入。至后期发展成科学园区的鼻祖——硅谷，成为开发高新科技及创新技术的集中地，创业投资占全美总额的三分之一。关于硅谷的成功要诀，英美学者卡斯特尔（Manuel Castells）和霍尔（Peter Hall）认为除了通过工业园项目把信息时代的三个重要生产因素(即大学科研成果的贡献、高风险资金的投入、高端科技人员的参与)结合起来外，还须依靠能够使工程人员、管理团队和企业家产生协同效应的社区网络[2]，这成为了设计现代大学城及科学园区的必备功能。总而言之，西方大学城的建设是以研究型大学为核心，开展教育、科技、经济间的互动发展。

中国大学城的缘起

自 20 世纪 70 年代末中国实行改革开放以来，社会经济高速发展，知识人才的比例亦因需要而大幅提高。另一方面，从自身的发展和利益出发，民众对高等教育的殷切需求也是前所未有的。据教育部的统计，1999 年普通高校的招生（本、专科）人数为 154 万，至 2013 年已上升至 699 万。而国家教育经费占国内生产总值（GDP）的比例亦由 2002 年的 3.41% 增加至 2013 年的 4.30%。高等教育的急速膨胀对办学资源和条件构成了极大压力，但亦同时

[1] 叶立群总主编. 高等教育学 [G]. 福州：福建教育出版社, 1995, 页 4。

[2] Castells M & Hall P. *Technopoles of the World—The Making of Twenty-First-Century Industrial Complexes*. London: Routledge, 1994, pp.27-28.

带来了大学城在中国发展的契机。1999年6月国务院召开全国教育工作会议，为全面推进素质教育、深化教育体制改革、实施科教兴国战略等方针下了定调，打开了全国高校扩招的序幕。各地方政府亦因为地区经济的发展需要，热切期望加大高等教育的规模，以满足社会对知识人才的渴求，同时亦具有拉动区内消费的意图。大规模的扩招行动使高校资源日趋紧张，校舍设施不敷应用，大学城建设由于具有外延式的开拓用地和内涵式的共享资源等特点，因此便成为解决问题的最佳方案。

中国的大学城建设始于1999年在河北省廊坊市动工的东方大学城。据不完全统计，至2014年全国大学城数目已达87个，涉及29个省、市[1]（图9.5）。总的来说，相关项目的基本思路是把高校扩张与新城建设的目标相结合，以产生协同效应。具体操作是根据高校扩招和教育改革对硬件资源的需求，在城郊辟出土地，引进大学参与开设新校区，推动产、学、研一体化，把高校科技链和城市产业链连接起来，加快城市高新技术产业化和传统产业高新技术化。同时通过大学城开放式的办学理念，与社区共享图书馆、体育馆等设施，提升新城镇的文化素质。另一方面，政府亦希望将大学城建设和城市化进程结合起来，借发展高校所需的后勤服务，带动相关产业并促进就业，使周边民众亦成为大学城发展项目的受惠者[2]。此外大学城的建设亦有让各参与高校实现资源共享、互补

不足的好处。以建设目标来说，中国大学城和西方第三代大学城确有相似之处，例如在知识经济的框架下，以创新科技产业来带动地区经济繁荣，并改造传统产业加强竞争力。这种模式不但增加地区财政收入，改善就业机会，更能提升地区形象。可是中国大学城的建设，终究是为了解决高校扩招而导致资源不足的问题，在定位上未必完全像西方大学城般以科研产业为主流。依据学者卢波和段进的分类[3]，中国大学城现存有5种定位模式：

（1）研发型——以研发为主要任务，构建大学与企业间的产业价值链，推动地区经济发展。在校园的空间规划方面，位置与高新技术园区毗邻，引入研究型大学为骨干，配以高端的信息及科研基础设施，促进产、学、研创新机制的形成。此类型多被采用于经济发达、高新技术发展突出、政府全力投资的地区，如深圳大学城、苏州研究生城等。

（2）投资型——以吸纳社会力量和资金来办学。教育主管部门依照《民办教育法》的有关规定鼓励独立教育法人或委托法人兴学办校；规划行政主管部门则依照城市建设的有关程序，将其纳入城市教育设施设置的总体规划中，实行宏观控制、有序发展。而大学城本身会被用作民营教育集团的基地，提供予高校扎根的校园空间和相应的文化建设，廊坊东方大学城便是一例。

（3）城市型——主要为满足地方对高等教育和改善城市软件的需求。国家教育部和建设部先从教

[1] 吕明合．悦目规划背后的空壳危机：大学城过热，该追责谁[N]．南方周末，2014-06-20．

[2] 黄献明．可持续发展视角下的"大学城"设计[J]．华中建筑，2004，22(5)．页116．

[3] 卢波、段进．国内"大学城"规划建设的战略调整[J]．规划师，2005(1)．页87-88．

育资源角度宏观调控这类城市的数目，再由地方城市规划部门按其城市结构空间，进行大学城布局建设。高校亦要因办学城市在产业结构和劳动市场的特性，逐步实现分校或二级学院的地方化和独立化。这类大学城多落户于经济发展较快的新兴城市如珠海大学园区、大庆大学城等。

（4）整合型——设置目的是为了有效整合高等教育资源。地方政府按教育资源分布情况，结合当地城市总体规划，将大学城建设以专业互补、资源共享、教师互聘等原则进行，把有限资源集约处理，产生协同效应。这种类型占中国大学城的多数，以南通大学园区、常州大学城为例。

（5）新城型——以大学城建设项目带动新城区的开发。此类大学城是难度最大、涉及面最广、周期最长的综合性规划。空间策略上把大学城建设纳入城市总体规划，强调发展方向的一致性。通过多元网络系统加强与母城联系，把新城发展成多样化功能的综合区，广州大学城、仙林大学城便是此类的典范。由于

投资庞大，建设项目须具备持续可靠的资金保障制度，更应注意出现以教育用地谋取利益的手段。

大学城与城市发展

在 5 种大学城定位模式中，以科技研发、教育培养、整合资源、城区建设等为目标的皆而有之，当中涉及政府、学校、企业等各自投入的比例亦有所不同，总的来说可综合成下列 3 种[1]：

（1）政府主导——由地方政府将大学城建设列为城市规划的一个主要项目，提供土地和建设资金，策划相关配套和后勤服务，并以一系列优惠政策，吸引知名高校进驻使用，实行自主办学。

（2）多方合股——通过政府、企业、社会、高校共同投入，以股份制方式承担相应责任和权利。投入的内容可以包括来自政府的土地政策优惠、学校的贷款建设资金和企业的后勤服务参与等。

（3）校企共建——由企业出资负责大学城的土地整理和校园建设，并享所有权。办学主体为承租入驻的学校，通过资源共享，发挥各自优势。大学城的管理运作，一般交由投资、学校、经营三方组

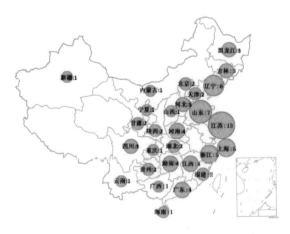

[图 9.5]2014 年中国大学城的分布状况

[1] 卢波，段进．国内"大学城"规划建设的战略调整 [J]．规划师，2005（1），页 84；冯增俊，中外大学城发展探析 [J]．广东科技，2003（8），页 22；李惠芬，许益军．当前国内外大学城的发展与启示 [J]．科技与经济，2005（1），页 59；陈怀录，张旺锋，刘小英，苏芳．全国大学发展现状及其对甘肃建设大学城的借鉴 [J]．高等理科教育，2004（4），页 13．

成的管理委员会按市场化机制执行，着重成本效益。

无论哪种投入模式，都离不开大幅度的土地开拓，这也是当代城市规划发展的重要一环。从经济学的角度看，土地既是有限资源，亦是资本、劳力以外的第三大生产要素，其重要性毋庸置疑。位置优越的地段，相对适合投入作高增值的生产作业，对知识经济的城市发展较具效益。目前国内大学城所获拨的土地，由于地方政府的优惠政策配合，不少是环境优越、交通便利和地价低廉的，这也是向优质学院、学生、教研人员招手的卖点。其实从另一个意义来说，建设大学城亦是城市扩张的一种手段。正如重庆大学教授魏皓严等指出"大学新区挺进之地即是城市扩张之地，利用教育来拉动城市的空间生产，利用宽松的土地资源与郊区风景引诱甚至是迫使师生员工成为不自觉的城市拓荒者"[1]。这里"拓荒"的意味在于大学城的建设能够生产（以土地为主的）生产数据、生产（新的空间及其关联的）市场、生产（受过知识技能培训的）生产者、生产（理解知识型产品）消费者，由此把土地(空间)城市化、地产、教育三者纠结在一起而推展出来的城市扩张模式；另一方面，城市化的进程和产业结构的转型又推动了校园空间的功能重组和快速扩张，这实际上是一种互为因果的发展关系。

通过大学城建设而达至的城市扩张模式，效果就如一把双刃剑。在经济效益上，首先大学城以一种新的城市功能空间出现，基本作用是在知识经济背景下促进高新技术产业链的发展，通过科学园区等设置推

动知识技术转移，优化城市产业结构。其二大学城作为高新技术知识信息的汇集地，可以通过培育、吸引人才为地区经济发展提供智力支持。其三大学城的规模体量所需要的（第三产业）后勤支持服务对扩大内需、刺激消费、加强就业有显著帮助。在文化角度上，由于大学城是汇聚知识分子、创意人才的地方，对所在城市具有熏陶文化气息、培养地区个性和软实力的功能，于城市的文化继承、积累、创新方面起着关键作用。而文化创意产业亦是知识经济底下的一个重要增长点，从世界先进国家的经验所知，这种新型产业已成为提高城市竞争力的主要条件之一[2]。香港建筑师钟华楠认为开发乡郊地区不单为城市急速发展而引起的各种社会问题提供"泄洪"途径，更可用来解决中国8亿非城市人口的城市化问题[3]。而大学城的设置便是打造新城镇品牌并分流城市人口的有效方法。

[2]   王颖. 城市社会学 [M]. 上海：上海三联书店，2005，页 516-519.
世界各地以美国的文化创意产业对经济发展的贡献最为显著。2001 年美国 GDP 的 31% 来自这个产业，纽约于 1999 年仅新媒体产业的年收入就达 170 亿美元，收入增长率达 53%，从业人员增长达 40%。其他国家如英国、日本、韩国、新加坡也在急起直追，当地的文化创意产业于 2000 年开始超越了传统工业如汽车、钢铁等的出口总额。目前伦敦的文化创意产业已成为该市的主要经济支柱。

[3]   钟华楠. 城市化危机 [M]. 香港：商务印书馆，2008，页 104-108.
钟氏认为中国城市化的最大意义在于改善生产方式和使人民脱贫，而非如官方意识中的大城市和建筑高楼化。如果能够把乡镇地区现代化搞好，改善配套设施且提高收入，那么能以较佳生活环境和较低生活成本吸引城市技术人口和农村过剩劳动人口进驻。这样可大大减低因城市过度膨胀而衍生的种种问题如环境污染、空间挤压、贫富悬殊，有利人类和地球持续发展。

[1]   魏皓严，郑曦. 双重动力下的大学空间——我国当代大学校园规划的空间生产与空间形制 [J]. 城市建筑，2010(3)；页 13.

再者通过大学城的有序规划设计，使相关的建设项目能够与所占地区的生态环境互相共融，为城市可持续发展作贡献。

　　在消极的一面，大学城建设一直最为人诟病的是与房地产开发之间的利益关系。在土地审批的过程中，开发商、银行等的利益团体，乘着政府给予办学项目的优惠和便利，低价获取大幅土地，如南京仙林大学和江宁大学城出让价格分别为每亩 5 万元和 4.5 万元，如果国土局采用挂牌出让的方式，这些土地可达每亩 60-70 万元[1]。如果低价获得的土地将来可通过变更用途，经营房地产项目，那对开发商来说无疑是极大的诱惑。加上地方政府好大喜功，无视当中的投机因素，把大学城建设视作为一张政绩名片[2]，致使很多大学城如浙江大学教授周复多所说的："上马仓促，规划滞后，缺乏科学论证"[3]。据 21 世纪教育研究院副院长熊平奇的观察，官员"从一开始考虑的利益就不是教育的发展，而是政绩、经济方面的因素"；而建设者的用意，更是"司马昭之心，路人皆知"[4]。目前广州大学城、上海松江大学城和重庆大学城等地段，都已被媒体标签为富人区。2004 年国家审计署对南京、杭州、珠海、廊坊

4 个城市的大学城开发建设情况的调查表明：项目建设违规审批和非法圈占土地问题突出，建设贷款规模过大，存在偿贷风险[5]。此后高校建设腐败案件一直时有所闻。另外大学城项目上马仓促、规划不善、标榜政绩，使生产程序倾向流水作业，务求以巨大的体量布局为吸引点，可是却缺乏良好的设计，制造了一大批被评为徒具规模、奢华、形式，却找不到与大学精神、气质相呼应的人文环境空间[6]。至于空间的主要使用者——学生的学习生活的实质需要，亦时有被忽略之嫌。出现上述的情况，除了归因于中国高校依附政府行政的传统外，以资本效应推动教育产业化的发展亦为关键。这导致了中国大学城发展中硬件建设先于软件条件的现象。

中国大学城模式——个案探讨

（1）研发型——深圳大学城

　　作为中国经济城市的后起之秀，深圳历经 30 多年，从一个边陲农业小镇发展成为今天具有千万人

[1]　汲东野.中国大学城扩张背后：频频牵出腐败，面临破产之危[N].法治周末，2014-07-02.

[2]　Li Z, Li X & Wang L.*Speculative urbanism and the making of university towns in China: a case of Guangzhou University Town*[J].Habitat International，2014，44，p.424.

[3]　吕明合.盲目规划背后的空壳危机：大学城过热，该追责谁[N].南方周末，2014-06-20.

[4]　同上.

[5]　周庚虎.审计署："大学城"建设存在非法圈地等突出问题[N/OL].新华网，（2004-06-23）[检索日期：2015-06-17].http://news.xinhuanet.com/newscenter/2004-06/23/content_1543364.htm

[6]　冯果川.从大学的精神反思大学校园设计[J].城市建筑，2010（3），页9；胡海建.大学城的理想与困惑：大学，大学城，大学园区的教育经济反思[M].汕头：汕头大学出版社，2008，页162-165.

口规模的大城市。深圳市的发展,可归纳为三个时期:政策推动、地缘和经济推动、知识推动。前两个时期,城市发展主要依仗国家政策和地理位置之利,至第三时期,城市的核心竞争力则至为关键[1],当中高等教育在引领文化和科技创新方面有着无可取代的位置。一如其他新兴移民城市,深圳的高等教育资源较为薄弱,与其经济实力和人口数目并不相称,不利城市在高新技术和新兴产业的持续发展。为弥补这个缺憾,深圳市政府于 2000 年 7 月通过了创建深圳大学城的方案。深圳大学城是中国唯一一个经国家教育部批准,由地方政府联合著名大学共同创办,以培养全日制研究生为主的研究生院群。进驻高校包括早期的清华大学深圳研究生院、北京大学深圳研究生院、哈尔滨工业大学深圳研究生院,到后来加入的中国科学院深圳先进技术研究院、南方科技大学。大学城的建设为深圳市提供了高层次人才培养和聚集、高水平科研、高新科技信息、高层次国际交流等四个平台[2]。

目前深圳大学城主要建设位于南山区东北部的西部地块(西校区),由清华、北大、哈工等三所深圳研究生院使用(图 9.6),东部地块则用作中科院和南科大的校区。西校区总用地面积 1.45km²,南邻城市主干道——留仙大道,距深圳市高新技术产业园区约 10km,与深圳市的主要联系方式是通过城市干道和地铁。深圳大学城的规划目标是成为

[图 9.6] 深圳大学城(西校区)平面图

国内一流、国际知名的高等学府聚集地,将为深圳经济,特别是高新技术产业的发展和深圳整体文化学术水平的提高作出贡献。规划思想从四个方面展开:(1)"区位科技创新,产学研一体化",打造大学城成为高等教育和科研基地,通过引进一流学府的学术、科技优势,推动深圳高新技术产业的发展和整体学术水平的提高;(2)"融入自然,建设绿色校园",将大学城核心公共绿地、各校区的绿化广场、保留自然山地、规划泄洪渠连成一个互相渗透的整体;(3)"开放共享,促进交流",以公共设施区为大学城核心,各校区及其生活区作围绕呈辐射形结构,方便联系交流;(4)"分期建设,弹性发展",以分期建设的原则,为今后的发展留有余地,并对各校区设计提供统一的开发模式和空间框架,有利于形成完整的建筑空间形象。如果借用美国城市规划学者凯文·林奇(Kevin Lynch)的城市意象理论中的五个要素:通道、边界、区域、节点、地标,深圳大学城规划和建设上的特质是具有较高的清晰度和识别性,容易使人留有深刻印象。

[1] 李栎,张儒林. 拓展内涵-发挥大学城在城市创新进程中的作用[J]. 中国高等教育,2010(17),页 51。
[2] 大学城简介[EB/OL]. 深圳大学城,[2015-06-11]. http://www.utsz.edu.cn/page/introduction.html

　　西校区的总体布局分为清华校区（图 9.7）、北大校区、哈工校区、公共核心区、体育场馆区（图 9.8）、生态公园区、专家公寓别墅区 7 个部分，形成了"以公共核心区为联系主干，以三个校区的建筑连廊为骨架，与自然水体、山体地形高度融合的多组团空间结构"。这种构思可使资源分配上分成三个层次：（1）"城市级共享资源"，体育场馆区和生态公园区便属此类，因此其位置和作用可从城市的景观、功能组成、城市交通构架等方面体现出来；（2）"大学城级共享资源"，图书馆、展览中心、学生管理中心等各校区共享的资源被集中在公共核心区，也构成连接各个校区组团的载体（图 9.9）；（3）"校区级资源"，各学校的教学、科研、行政、生活等功能单元链状集中布局，为休闲场地提供最大空间[1]。具体来说，深圳大学城的规划设计除了为有效整合各校区的空间设施，亦着意与所属城市进行互动交流和共享资源。作为研发型大学城的典范，对一个以知识经济为愿景的新兴城市，深圳大学城的建设意义在于为深圳教育、文化、产业、平台等发展提供了跨越式的效应。

（2）投资型——廊坊东方大学城

　　廊坊东方大学城可谓是中国大学城建设的里程碑，既是全国首个启动的大学城，亦为大学城以民办企业模式营运开了先河。前身是爱心日语培训学校，1999 年乘着全国高校扩招之势，与北京外企集

[图 9.7] 深圳大学城清华校区

[图 9.8] 深圳大学城体育中心效果图

[图 9.9] 深圳大学城公共核心区效果图

[1]　深圳市建筑工务署 . 深圳大学城公共建筑设计图集[M].
　　北京：中国建筑工业出版社，2005，页 8.

团共同注资兴建，并由廊坊市政府提供土地和贷款上的优惠条件(据说当时土地出让价格每亩5.5万元，为市场标准的六分—[1])。东方大学城于2000年开始营运，当时是廊坊经济技术开发区面积最大的一个项目，又是全国首家的民营高等教育园区。其后的定位是"具有国际水平的职业教育基地"，以实现"四城(教育城、文化城、平安城、和谐城)同创，生态发展"为发展目标[2]。东方大学城的发展可概括为三个阶段：（1）1999—2003年，大学城以崭新设施快速发展，同时出现资金链断裂的问题；（2）2003—2008年，廊坊市政府接管，并寻求下一步的发展和出路；（3）2008—2015年，由新加坡莱佛士教育集团进行收购，并采取了新的变革措施以达收支平衡[3]，于2015年在香港联合交易所创业板挂牌上市。至2014年底，东方大学城占地731亩，教学设施建筑面积约12万 m^2（图9.10、图9.11），学生和职工宿舍建筑面积16.6万 m^2，容纳10所本、专科高等职业技术学院和培训机构近2万名师生在内生活学习[4]。以

[1] 根据中央电视台记者张凯华于2004年2月17日《经济半小时》节目内报导.

[2] 东方大学城简介[EB/OL].东方大学城管理委员会.[2015-07-13].http://www.ouc.gov.cn/ouccms_item.php?id=33

[3] 东方大学城[EB/OL].百度百科.[2015-07-07].http://baike.baidu.com/view/101176.htm

[4] 发展历程/公司介绍[EB/OL].东方大学城.[2015-07-07].http://www.oriental-university-city.com/ 十所学院包括北京中医药大学、中国民航管理干部学院、廊坊华航空学校、北京北大方正学院、北京城市学院、北京东方研修学院、廊坊东方翰翔培训学校、廊坊美艺同创培训学校、廊坊远景培训学校、中澳嘉人力资源.

目前状况来看，大学城与起初计划吸纳20万名师生的目标相差甚远。

[图9.10] 东方大学城教育发展大厦

[图9.11] 东方大学城凯旋门

东方大学城的规划布局以风河为界分南北两大部分，空间结构呈T形。南部为一期工程，是以大学城公园为中心的环形结构，北部为二期，是以东西向道路为发展轴的线形结构。规划用地上包含一期3个和二期2个小区。用地功能上又分为公共教学用地、学生公寓用地、住宅开发用地、公共服务

用地、商业用地、道路用地、绿化用地等。大学城一开始便打着"教育产业化"的旗帜经营，一期占地 2300 亩，二期更达 11000 亩(当中包括了号称亚洲最大、占地 6640 亩的高尔夫球场)，远超过当时所审批的 5000 亩。原先希望成为北京、天津的连结点，并能够带动廊坊市的经济发展，但经过大炼钢式的建设速度后，出现了资不抵债、规划失衡的现象。进驻高校从高峰期的 30 多所跌至目前的 10 所，虽位据京、津要道之上，但未见其突显地理位置之优势，周边环境仍是开发滞后[1]，与其他大学城所形成的产、学、研基地不可同日而语。

高等教育属公共物品之一，在教育基础建设相对缺乏的发展中国家或地区，政府在高等教育方面的策略主导和支持会来得比纯粹的市场调节更为有效[2]。世界上民营办学的成功例子甚多，当中以美国的常春藤高校联盟最为突出，但前提是必须具备特定的环境和条件，如悠久的发展历史、自主和卓越的学术领域、与社会利益相关者的紧密关系等。东方大学城以"产业化"高校园区自居，其实是提供教育设施租赁服务。乘着扩招期间对校舍需求殷切之势，在初期的确能够吸引一众高校进驻。但在企业投资的营运方式下，大学城内一切设施供给均按成本效益的原则操作，商业味道甚浓，并未能为师生提供相应的校园文化气氛，更遑论具长远目光去

带动一个地方的社会、经济、文化发展。从积极的一面看，若然东方大学城在目前的定位"职业教育基地"上拿捏得宜，尚能发挥廊坊市于京、津地区的高新产业链上担当技术辅助人才培训的角色。

（3）城市型——珠海大学园区

优良的地缘位置使广东省一直是中国的经济大省。在省里的各地级市中，珠海市的常住人口总是敬陪末座，但人均 GDP 却仅次于深圳、广州[3]。20 世纪 90 年代，珠海市的高新产业发展停滞不前，这与区内缺乏高等教育资源甚有关系。市政府于 1998 年 12 月决定实施功能区带动策略，以建设大学园区引入高校取代自办大学，成功促成中山大学、暨南大学、清华科技园、广东省科技成果转化基地、南方软件园等落户。随后获得国家科技部支持，最终形成珠海国家高新区的"四园一海岸"的发展格局[4]。而广东省政府亦对珠海提出了"三基地一中心"的发展目标，将珠海打造成为以信息技术为龙头的高新技术产业基地、高附加值的出口创汇基地、有较强吸引力的产学研基地和现代化区域性中心城市。据统计，建成大学园区几年来，珠海市高新技术产品总值累计有 40 倍的增长[5]。

[1] 陈新焱. 东方大学城：中国第一个大学城的十年生死 [N]. 南方周末，2010-06-25.

[2] St George E. "Positioning higher education for the knowledge-based economy" [J]. Higher Education, 2006, 52.595-596.

[3] 参见《广东统计年鉴 2013》中有关 2012 年的数据.

[4] "四园一海岸"分别是南屏科技工业园、三灶科技工业园、新青科技工业园、白蕉科技工业园、科技创新海岸.

[5] 胡海建. 大学城的理想与困惑：大学. 大学城. 大学园区的教育经济反思 [M]. 汕头：汕头大学出版社，2008，页 117.

珠海大学园区发展至 2007 年便有七所高校和五个产、学、研基地投入使用[1]。市政府在基础设施建设和后勤服务保障方面给予很大支持，无偿提供进驻高校用地共 21700 亩。珠海大学园区分南北两区，北区在唐家湾镇和前山街道，南区在三灶镇和红旗镇。园区内大学与城镇村穿插结合，校区成员与居民共享周边后勤服务设施，规划布局有别其他于地域、设施等方面均可自成一国的大学城。大学园区的规划理念具有以下几个特点：（1）"以人为本"，校区选址以现代与自然的和谐统一为依据，突显生态化和人本化的指导思想；（2）"政府主导性"，规划、设计、审批、选址、划地等过程中体现政府的主导性，并为进驻高校提供必要支援；（3）"分期规划与可持续发展"，各校区建设循序渐进，逐步增加学生及设施的规模，以可持续发展观保持大学园区良性发展；（4）"注重点与线、整体与分区相结合"，总体规划呈现注重点与线、整体与分区布局的特征，北起唐家湾镇的金鼎，南至三灶镇的草堂湾，近百公里的海岸线上分布一系列的高校和产、学、研基地[2]（图 9.12）。

[图 9.12] 珠海大学园区高校分布位置

空间布局方面，大学园区各高校都能因地制宜，按功能和需要进行合理规划（图 9.13-9.16）。基本可分为（1）教学区、居住生活区和商贸区三大区块，（2）教学区、高新技术产业区、居住生活区和商贸区四大区块，（3）城市资源共享区、大学校园区、居住生活区、国际大学园区和中试生产区五大区块等多组团空间结构。而资源的共享，可从外延和内涵构建两个方向的展开。外延指大学园区的商场、文体、医疗等设施由高校师生和社区居民共享，内涵构建则包括学校之间的教育资源配套共享[3]。作为一座地方政府锐意打造的城市型大学城，珠海大学园区对珠海市的社会经济发展产生了积极作用。首先在人才汇聚方面，至 2014 年大学园区的全日制学生人数已达 13 万人[4]，加上相关的教学和科研人员，为这座本来高教资源贫乏的城市打

[1]   七所高校：中山大学珠海校区、暨南大学珠海学院、北京师范大学珠海分校、北京理工大学珠海学院、吉林大学珠海学院、遵义医学院珠海校区、广东科学技术职业学院珠海校区、北京师范大学 - 香港浸会大学联合国际学院；五个产、学、研基地：中山大学附属第五医院、遵义医学院第五附属医院、北大教育科学园、清华科学园、哈工大新经济资源开发港。

[2]   胡海建 . 大学城的理想与困惑：大学，大学城，大学园区的教育经济反思 [M]. 汕头：汕头大学出版社，2008，页 127-130.

[3]   同上，页 130。

[4]   珠海大学园区三所独立学院均年满十岁 [N]. 羊城晚报，2014-10-24.

下了巩固的人力基础。其后连带产业发展、文化资源、土地拓展、交流平台等各种城市发展要素都获得了相应提升[1]。

[图 9.13] 北京师范大学珠海分校平面图

[图 9.15] 吉林大学珠海学院平面图

[图 9.16] 吉林大学珠海学院校园

[图 9.14] 北京师范大学珠海分校图书馆和百年纪念广场

（4）整合型——合肥大学城

　　2001 年 11 月 18 日，合肥工业大学新校区的奠基为合肥大学城的建设拉开了序幕。合肥大学城的建设是合肥市提升作为国家四大科教基地之一和打造"学在合肥"城市品牌的重点工程，亦是配合安徽省"抓合肥带全省"，推动合肥现代化建设战略部

[1]　陈昌贵 . 从珠海大学到大学珠海－从研究的视角看珠海高等教育的发展 [J]. 高等教育研究，2007（6）：页 39－41.

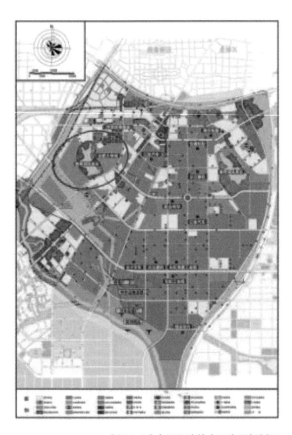

[图9.17] 合肥经济技术开发区规划图

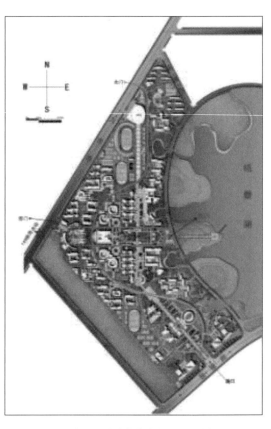

[图9.18] 位于合肥大学城内的安徽大学磬苑校区平面图

署的重要组成部分。目标是希望能够聚集高等教育资源，促进地区院校共享互补，使更有效地支持合肥市的发展需要。合肥大学城的开发模式是以政府主导、高校主体、社会参与，发展策略是以重点综合性大学为龙头、其他本科院校和相关的科研机构产业群体为主体、二级学院为辅助的综合性高等教育、科研基地及产业园区[1]。

大学城位处市中心以南的合肥经济技术开发区内（图9.17、图9.18），北邻政务文化新区，周边基础设施、交通网络发达。占地面积13.34km²，规划人口12万。整体布局是以翡翠湖为中心的教育生态网，各院校间以绿化带为界，并抱湖形成多中心的小区节点（图9.19）。大学城内又按功能分为教学、生活、公共服务、行政办公等区域。至2013年进驻高校已达22所[2]。

[1] 合肥大学城 [EB/OL]. 百度百科. [2015-07-09].
    http://baike.baidu.com/view/1840830.htm

[2] 同上。

[图 9.19] 以翡翠湖为背景的安徽大学磬苑校区

合肥是中国政府规划的首批科教名城，区内高等教育资源一向丰富，知名的学府不在少数。市政府通过大学城的建设，希望使各高校能够优势互补、资源共享，加上与经济技术开发区的相互配合，共同推进合肥市的产业经济发展，这无疑是整合型大学城的典范。另外大学城邻近政务文化新区，在地理位置上解决了校区师生的后勤服务和基础设施问题。这种网络式区域系统的规划，把大学城、经济技术开发区、政务文化新区连结起来，无论在功能效益和配套支持上都能得到满足。

（5）新城型——广州大学城

1978 年改革开放开始，广东省是全国最早对外开放的省份之一，经济发展成就一直名列前茅。倚仗珠江三角洲及沿海地理位置的优势，至 2000 年广东省 GDP 总值达 10,741 亿人民币，居全国首位。可是在高等教育领域，与长三角和环渤海两个重要经济区相比，珠三角的发展仍然滞后。2000

年 6 月广州市政府展开城市发展概念规划咨询工作后，提出建设广州新大学园区的构想，并初步确定了四个选址方案。次年 3-4 月广州市委常委会议通过将广州城市南拓重要节点上的小谷围岛及其南岸作为正式选址（图 9.20），并将新大学园区命名为广州大学城。广州大学城的发展定位为"国家一流的大学园区，华南地区高级人才培养、科学研究和交流的中心，学、研、产一体化发展的城市新区，适应市场经济发展和广州国际化大都市地位，面向 21 世纪的现代化、生态型和信息化的大学园区"（图 9.21），务求在功能上成为广州市的中央智力区（Central Intelligence District—CID）[1]。而发展策略主要为迎合广州市三方面的需求：高等教育发展、城市空间发展、经济产业发展。

[图 9.20] 未开发前的小谷围岛

---

[1]　广州大学城简介 [EB/OL]. 广州大学城网．（2010-09-09）[2015-06-11]. http://bbs.gzuc.net/read.php?tid=47

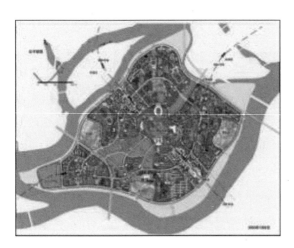

[图 9.21]2003 年广州大学城规划平面图

[图 9.22]广州大学城组团二功能分析图

　　总体规划面积达 43km²，规划人口为 35-40 万人，相当于一个中型城市。小谷围岛上的规划以资源分级共享为原则，其空间结构层次为城—组团—校区。规划理念包括三个方面：（1）"组团生长"结构理念，适应动态发展需要，划分五大校区组团，进驻高校各自归属一组团，并共享内在资源设施（图9.22、图 9.23）；（2）"网络组织"功能理念，构造教学、科研、生活的功能及道路、绿化的连接，形成网络把各组团与核心共享区交织起来；（3）"生态优先"设计理念，通过道路和建筑布局、绿化网络建立、生态区域保护、低强度开发、公共交通配置等多方面展现生态优先原则。在交通规划上，小谷围岛对外以城市干道、地铁等连接，内部则以环行放射路网贯通[1]（图 9.24、图 9.25）。在功能组织上，大学城可分为若干区域包括城市资源共享区、大学

校园区、生活居住单元、国际大学园区和中试生产区。这种规划充分体现出英国空想社会主义者罗伯特·欧文（Robert Owen）所提出的概念，并由城市学家艾比尼泽·霍华德（Ebenezer Howard）发展而成的"田园城市"理论。其中心思想乃将人类小区置身于花园的环境中，平衡住宅、工业、农业区域的比例，最终达至城市的可持续发展，创造社会经济和自然环境的和谐。

　　2005 年 9 月基本完成在小谷围岛上的一期建设，总体规模包括建筑面积 520 万 m² 校区建筑、69.9km 市政道路、120km 校园道路、8.6km² 绿化工程、19.79km 城市综合管沟和相关城市配套设施，供

[1]　广州大学城建设指挥部．广州大学城纪实图集 [M]．
　　广州：广州大学城建设指挥部，2006，页 7-11．

[图 9.23] 广州大学城组团二共享区

[图 9.24] 广州大学城绿化网络

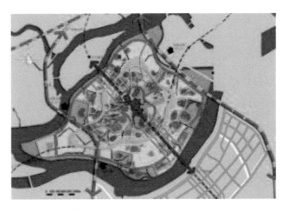

[图 9.25] 广州大学城交通规划

当时 10 所进驻高校共 4 万名师生使用[1]（图 9.26）。大学城的二期建设位于小谷围岛对面南岸地区，与大学城一期核心区、北翼的广州国际生物岛等构成"一核两翼"的空间布局，被包含在《广州国际创新城南岸起步区控制详细计划》于 2013 年 4 月 24 日获广州市规委会通过落实[2]。除了增加 3 所高校进驻

南岸地区外[3]，幅员 73km² 的广州国际创新城将会以国际科技产业孵化基地、全球科技人才创新创业基地、国家一流高等教育集聚区为发展目标。总的来说，广州大学城的建设意义在于促进城市文化、教育、科技发展，推动城市高新技术产业，拓展城市空间结构等三个方面，是新城型大学城的典范。

[1]　十所入驻高校包括中山大学、华南理工大学、华南师范大学、广州大学、广东外语外贸大学、广州中医药大学、广东药学院、广东工业大学、广州美术学院、星海音乐学院。

[2]　田桂丹．广州大学城延伸区规划获通过暨大广医将进驻 [N]．信息时报，2013-04-25．

[3]　指暨南大学、广州医科大学、南方医科大学。

[图 9.26] 广州大学城华南理工大学新校区

[图 9.27] 香港城市大学

展望

中国大学城经过了 15 年的发展建设，目前的状况可用遍地开花来形容。把高校扩张与新城建设的目标相结合，从而产生协同效应以满足国家和地区发展的需要，这对一个新兴的经济大国来说是相当具有成效的。但从城市规划发展的角度来看，这种偏向在二维空间上蔓延的发展模式，除了令规划效果在视觉上更令人印象深刻和连带产生的房地产效应外，便看不到其他因素非要使其成为城市及校园规划发展的唯一选择不可。犹记得勒·柯布西耶（Le Corbusier）在他的"光明城市"理论中，描绘出城市生活的高级状态是利用高层建筑制造立体化的空间布局，以减少无限延伸的道路系统为生活环境所带来负面的影响。而每座建筑就如一座小城市，内里各项功能兼具，并与小区大环境结合成一个有机体。以这种思维作进一步延伸，在水平方向拓展的城市及校园空间，其资源效益上并不划算，运作起来须要投入庞大的运输建设和物流配套，当中涉及

的土地资源和管理成本不菲。再者，占地辽阔而又密度偏低的空间布局，亦不利于塑造一个可以交流共融的校园环境。在外国的不少案例中，立体化校园[1]设计方案在应对师生的教学和生活需求上提供了新的思维。总的来说，这类方案的概念是以一座高层或巨构建筑容纳学校的全部或大部分功能，有别传统设计把功能单元散落分布于平面化的校园各区。立体化校园有不少置于市区，如香港城市大学、纽约新学院大学中心（University Center at The New School）等（图 9.27、图 9.28），其本质上就是希望与所在城市产生较大的互动，既使师生在教学和生活中充分利用城市资源，又方便民众从大学的设置中获取知识和文化的养分。即使位于城郊地区的立体化校园，其设计理念无不以善用土地资源、增加空间灵活性、促进互动交流等为基础，将不同的功能单元在三维空间上作有机整合，建造一座可随时间改变而适应不同需要的建筑，这亦是丹下健三所说的"能够成长的建筑"。当中国在积极拓展二

---

[1] 这里包含了垂直式和综合体式的校园设计。

维空间上的大学城建设时，立体化校园设计的概念和探讨仍只具雏型，建成的实例不多。展望在不久将来，这种方案能为中国城市及校园建设模式提供多一个因地制宜的选择。

[**图 9.28**] 纽约新学院大学中心

＊本文作者感谢华南理工大学建筑设计研究院何镜堂院士和吴中平主任提供广州大学城图片。

图片来源

		续表
图 9.2	日本筑波科学城规划图	日本国土交通省
图 9.3	苏联西伯利亚科学城平面图	Sobolev Institute of Mathematics
图 9.4	美国弗吉尼亚大学的"学术村"校园	维基图库
图 9.5	2014 年中国大学城的分布状况	区佩仪绘制
图 9.6	深圳大学城（西校区）平面图	深圳大学城
图 9.7	深圳大学城清华校区	深圳大学城
图 9.8	深圳大学城体育中心效果图	深圳市政府
图 9.9	深圳大学城公共核心区效果图	金盘地产信息交互平台
图 9.10	东方大学城教育发展大厦	金农网—马桂华摄
图 9.11	东方大学城凯旋门	金农网
图 9.12	珠海大学园区高校分布位置	区佩仪绘制
图 9.13	北京师范大学珠海分校平面图	北京师范大学
图 9.14	北京师范大学珠海分校图书馆和百年纪念广场	北京师范大学
图 9.15	吉林大学珠海学院平面图	吉林大学
图 9.16	吉林大学珠海学院校园	吉林大学
图 9.17	合肥经济技术开发区规划图	中国产业经济网
图 9.18	位于合肥大学城内的安徽大学磬苑校区平面图	安徽大学
图 9.19	以翡翠湖为背景的安徽大学磬苑校区	安徽大学
图 9.1	1970 年美国斯坦福大学工业园平面图	April Third Movement at Stanford University
图 9.20	未开发前的小谷围岛	Google Map

续表

图 9.21	2003 年广州大学城规划平面图	华南理工大学建筑设计研究院
图 9.22	广州大学城组团二功能分析图	华南理工大学建筑设计研究院
图 9.23	广州大学城组团二共享区	华南理工大学建筑设计研究院
图 9.24	广州大学城绿化网络	华南理工大学建筑设计研究院
图 9.25	广州大学城交通规划	华南理工大学建筑设计研究院
图 9.26	广州大学城华南理工大学新校区	华南理工大学建筑设计研究院
图 9.27	香港城市大学	吕元祥建筑师事务所
图 9.28	纽约新学院大学中心	ArchDaily

参考文献

[1] 王颖 . 城市社会学 [M].上海：上海三联书店，2005.

[2] 卢波，段进 . 国内 "大学城" 规划建设的战略调整 [J]. 规划师，2005（1），页 84-88.

[3] 钟华楠 . 城市化危机 [M]. 香港：商务印书馆，2008.

[4] 魏皓严，郑曦 . 双重动力下的大学空间 – 我国当代大学校园规划的空间生产与空间形制 [J].城市建筑，2010（3），页 13-19.

[5] Li Z, Li X & Wang L. *Speculative urbanism and the making of university towns in China: a case of Guangzhou University Town*. Habitat International, 2014, 44, p.422-431.

[6] Perry D C & Wiewel W. *The University as Urban Developer—Case Studies and Analysis*. New York：M.E. Sharpe, 2005.

第五部分

都市发展思考

- ·奥运会与世博会场馆
- ·低碳城市
- ·封闭式小区

第 10 章

后现代的符号：奥运会与
世博会场馆

李　磷

[图 10.0] 北京奥林匹克公园（《2008 奥运·城市》中国建筑工业出版社，2008）

历史上，重大的国际性活动既是一个国家和城市发展到一定阶段的必然产物，同时，也为国家和城市跨上一个更高层次提供了战略性可能。奥运会、世博会就是这样一种重大事件，它们可以成为城市提升的催化剂。通过调动各方面资源和能动性，可以实施城市各个发展阶段上的关键性项目建设，集聚公共和私人的、内部和外部的各方资源，集中克服城市长期发展过程中积累的问题，实现城市的质量和能级的历史性提升。[1]

——吴志强

集市贸易是历史上所有城市不可缺少的基本功能之一，国际交流则在当代城市生活中扮演着愈来愈重要的角色，因为全球一体化的趋势非常明显。世界博览会（World EXPO）和奥林匹克运动会（Olympic Game）无疑是当今最引人注目的国际盛会，主办城市除了可以展示自己的综合实力、建立开放形象、提升国际地位，更可以此为契机，试验先进的规划思想和建筑理念，建设新场馆，以及改善城市环境与基础设施。这方面过去有不少成功的先例，如英国伦敦水晶宫[2]（Crystal Palace）、法国巴黎埃菲尔铁塔[3]、美国芝加哥世博会场[4]（Chicago Columbian Exposition）、西班牙巴塞罗那世博会德国馆[5]（Barcelona Pavilion）和巴塞罗那奥运会城市改造计划[6]等。

（一）2008 北京奥运

2001 年 7 月，北京赢得了第 29 届奥林匹克运动会的主办权。在此之前的申办期间，当局需要向国

[1] 吴志强主编.上海世博会可持续规划设计[G]. 北京：中国建筑工业出版社，2009，页4.

[2] 水晶宫是园艺家约瑟夫·帕克斯顿（Joseph Paxton）为 1851 年大展（Great Exhibition）而设计的玻璃屋、首创以预制件组装的建筑方法，当时共用了 93,000m² 的玻璃。

[3] 埃菲尔铁塔是为 1889 年巴黎世界博览会（World's Fair）建造的入口大拱门，由古斯塔夫·埃菲尔（Gustave Eiffel）设计，全钢结构，是当年全球最高（324m）的建筑物，后来成为世界上最著名的地标之一。

[4] 芝加哥于 1893 年主办世界博览会，纪念哥伦布发现美洲 400 年。会场的总体规划由丹尼尔·伯纳姆（Daniel Burnham）主持，他依据法国新古典主义建筑原则，得出自己对城市的理解，设计了一个对称、平衡、壮观的会场。这个园林景观、公共广场和建筑物高度统一的会场，引发了城市美化运动（City Beautiful Movement），市政当局纷纷通过整治街道、公共艺术、公共建筑和公共空间，达到改善和美化市区的效果。后来伯纳姆因博览会场声名鹊起，被委托主持芝加哥 1909 的城市规划，开创了美国现代综合城市规划的先河。

[5] 巴塞罗那，是著名建筑师密斯（Mies van der Rohe）于 1929 年巴塞罗那世博会设计的德国馆的俗称。这个以 2 个浅水池、8 根钢柱、几幅玻璃幕墙和大理石墙构成的简约主义（Minimalism）建筑，不但是密斯重要的代表作之一，而且是现代建筑的经典。它的自由平面构图（Free plan）对 20 世纪建筑设计产生了巨大的影响。

[6] 巴塞罗那为举办 1992 年第 25 届奥运会，大力改造旧城，例如通过将奥运村和奥运港规划在海边衰落的老工业小区 El Poblenou，把城市与海滩连接起来，带动了投资和观光事业，令巴塞罗那一跃成为继巴黎、伦敦、罗马之后游客数量排第 4 的欧洲城市。

际奥委会保证提供足够的比赛场地，因而计划集中新建一批场馆，地点选在北郊洼里，初称奥体中心，面积56ha，加上南侧、北中轴和北侧三块预留地，中心区总占地面积405ha。这块地在古城中轴线的正北方向，特别珍贵。2000年3月，北京市规划委员会组织了第一次规划设计国际竞赛，在一等奖空缺的情况下，有2个方案获二等奖，设计单位分别是RTKL[1]、北京市建筑设计研究院。这2个方案都呼应了传统中轴线，并在轴线的北端安排了一座高层塔楼，作为标志。2000年8月，当局对规划进行了综合，将中轴的北端改为500m高的世贸大厦双子塔，塔南侧是宽400m、长800m的广场，广场东侧是国家体育馆、国家体育场和国家游泳中心，西侧是国际展览中心，形成对称的布局，这也是最终提交国际奥委会的申办方案。

奥林匹克公园

申奥成功后，北京市规划委员会于2002年再次组织国际竞赛，征求奥林匹克公园规划设计方案，由美国Sasaki Associates Inc. 事务所夺得第一名。SA的方案[2]，中轴线表现得更明确、更清楚，并延伸至北侧森林公园内，融入自然山水里，站在中轴线，可以遥望钟鼓楼和景山顶上的万春亭；东侧一条婉转弯曲的水系，贯穿了北部的公园、中部的国家体育中心和南部的奥体中心，圆滑而优美，与刚直的中

轴线形成强烈的反差；国家体育场、国家体育馆和国家游泳中心三大建筑物，被集中安排在靠近奥体中心的位置，分立于中轴线的东、西两侧，方、圆互对，交相辉映。其规划思想，渗透了中国传统阴阳文化的元素，水系的灵活运用，使奥林匹克公园各部分连成有机的整体。

实施方案在保留总原则的基础上，对SA的设计进行了深化和根据实际情况作了局部的调整和改动，例如南端水系终止于国家体育场周围，不进入奥体中心园区，同时在体量和造型上突出国家体育场作为主体建筑的格局。奥林匹克公园总面积1159ha，其中森林公园680ha，中心区315ha，奥体中心114ha[3]。

作为举办奥运会的核心区域，北京奥林匹克公园同时又是一处多功能的公共活动场所，集体育、文化、展览、休闲、旅游观光于一身，包括了体育设施、文化设施、会议设施、居住设施和商业服务设施，例如10个竞赛场馆、奥运选手村、国际广播中心、主新闻中心等。

北京在申办时，提出三大奥运理念，其中包括"绿色奥运"，并在园区规划和设计上得到执行，体现在大规模绿化环境、采用多种环保建筑和生态环境技术，例如全部建筑采用符合环保标准的材料、全面落实建筑节能、再生水利用、雨洪利用、清洁能源利用、再生能源利用等，园内还建有中国首座跨越市内高速公路的大型生态廊道。

---

[1]　中方合作者是北京市建筑设计研究院。

[2]　中方合作者是天津华汇工程建筑设计公司。

[3]　引自北京市规划委员会编 .2008奥运·城市 [G]. 北京：中国建筑工业出版社，2008，页38.

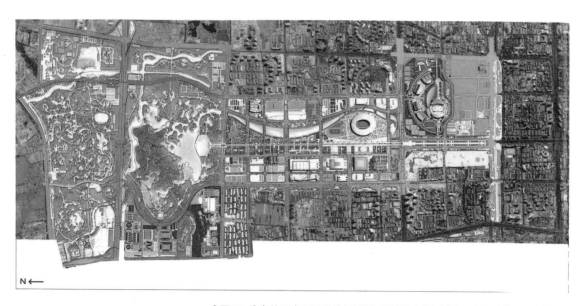

[图 10.1]奥林匹克公园总体规划图（《2008 奥运·城市》中国建筑工业出版社）

[图 10.2]奥林匹克公园核心区（《2008 奥运·城市》中国建筑工业出版社）

鸟巢

2002 年 10 月，"国家体育场建筑概念设计竞赛"向全球征集方案，共收到 44 份报名申请，初选合格

的参赛单位有 14 家，最终送交方案的有 13 家，被评为优秀奖的是瑞士赫尔佐格和德梅隆（Herzog & de Meuron）的"鸟巢"[1]、北京建筑设计研究院的"浮空开启屋面"、日本株式会社佐藤综合计划的"天空体育场"[2]等 3 个方案，其中"鸟巢"被推荐为实施方案。同时，13 个方案于北京国际会议中心公开展出 6 天，征求公众意见，共收到 6000 多张投票，"鸟巢"方案得票数第一。评委对它的评语是："鸟巢方案……输入一种新的语汇，而且是一种强有力的、能够带动这个地区发展的语汇（多米尼克·佩罗）"。建筑师自己的描述是："我们最重要的、一贯的原则是开发一个运动会过后仍将继续产生影响的建筑，换句话

[1] 中方合作者是中国建筑设计研究院。

[2] 中方合作者是清华大学建筑设计研究院。

[图 10.3] 国家体育场"鸟巢"

[图 10.4] 鸟巢的支承构造

说，即在这一地段创造一种吸引和生成公众生活的新都市场所。体育场的外观纯粹就是建筑结构，外立面与结构是一致的。"[1]

全钢结构的"鸟巢"于 2008 年落成，总用钢量多达 4.2 万吨，长 330m，宽 296m，建筑面积 25.8 万 m²，容纳观众座席 9 万 1 千个。其新奇的设计，在社会上获得广泛好评的同时，也引起很大的争议，有不少专家对它提出严厉批评，主要的缺点是造价过于昂贵（34 亿元）。2007 年 10 月赫尔佐格与鸟巢中方顾问、艺术家艾未未交谈时曾私底下说："鸟巢更像一座公共雕塑或者说人造景观，它的有些细节设计并非很完美。"[2] 用建筑去表现雕塑或景观的艺术效果，无疑违反了现代主义建筑"形式追随功能"[3] 的一贯主张。但是，属于新派建筑师的赫尔佐格和德梅隆，未必会认同前辈的观点。就事论事，从力

学的角度分析，鸟巢的结构设计并非真正的编织系统，而是支撑承重系统，与传统的梁柱结构在本质上没有差别，只不过巧妙地把梁和柱转化成为曲线和斜线元素，模仿编织的外观效果罢了。这种表里不一、用建筑结构去营造视觉而不是营造空间的做法，一定有失于科学、理性和效率。值得玩味的是，"鸟巢"这个形象极为鲜明的名称，是中国民众在竞赛方案公开展出时安上去的，它不是建筑师的原意。至于后来深化设计有没有为了讨好公众而刻意模仿编织的"鸟巢"外观，恐怕只有赫尔佐格和德梅隆才知道。

[1] 参见 Herzog & de Meuron 公司的官方网页。

[2] 引自李宗陶 . 艾未未对话赫尔佐格 . 原载《南方人物周刊》。

[3] 英语原文 "Form follows function"。

水立方

国家游泳中心位于"鸟巢"的对面，2003 年 7 月由澳大利亚 PTW[1] 的 [H2O]3 号方案赢得设计竞赛，北京市民昵称它为"水立方"。水立方并不是正立方体，它长 177m、宽 177m、高 30m，总建筑面积接近 8 万 m²，内有游泳、跳水、水球 3 个主要水池，设置了 4000 个固定座位，2008 年 1 月竣工。

水立方的建筑设计，根据中方设计组的回忆，当初在讨论游泳中心的功能分区时，他们发现"3 个水池完全可以在一条线上排开，这样所有的比赛场馆都可以集中在一条线，整个平面可以限定在一个很简洁的方形里面，而且功能分区十分简单，几乎没有什么犹豫，方形的概念确定下来了。"[2] 由于游泳与水的关系密不可分，水很自然地成为游泳中心的主题，设计团队突发奇想，希望将水用作为建筑材料，赋予建筑像水一样有变化和生命。于是他们认定游泳中心的立面必须与材料(水)统一起来，经过多次尝试，最终得出水泡外墙的梦幻灵感。

当然，目前尚未有将水应用为建筑材料的技术，ETFE 薄膜(聚四氟乙烯)成为水的代替物，用它制成的气泡，安装在水立方的外墙，看上去和水泡无

异。ETFE 是一种超稳定有机薄膜，半透明，采光性良好，比玻璃轻很多，可大大降低屋顶的重量，而且表面的抗污力、自洁力很高。水立方共用了 3065 个大小不一的气泡组成，覆盖面积达到 10 万 m²，展开面积达到 26 万 m²，是世界上规模最大的膜结构工程。

薄膜气泡的缺点是过于低调，要靠人工灯光或特殊的自然光线才能有效地展露出建筑物的轮廓，因此必须在晚上开灯的情况下才能真正看得到水立方的水泡美。

[图 10.5] 国家游泳中心"水立方"夜景

(二) 2010 上海世博

第 41 届世界博览会，于 2010 年 5 月至 10 月在上海举行。会场位于南浦大桥和卢浦大桥之间，沿着黄浦江两岸进行布局。世博园区规划用地范围为 5.28km²，其中浦东部分为 3.93km²，浦西部分为

[1]　中方合作者是中建国际(深圳)设计顾问有限公司。

[2]　引自北京市规划委员会编 .2008 奥运·城市 [G]. 北京：中国建筑工业出版社，2008，页 123.

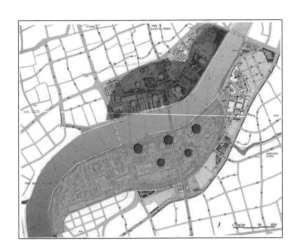

[**图 10.7**]世博园区总平面图

[**图 10.6**]世博园区规划理念(《上海世博会可持续规划设计》
中国建筑工业出版社, 2009)

1.35km², 园区建设投资总额达 300 亿元人民币, 是
史上最大规模的博览会。

世博会的场址选了原卢湾区黄浦江北岸的沿江
地段和南岸现属于浦东新区的沿江地段, 内有上海
开埠至今各个年代建造的大量工业厂房, 包括了建
于 1865 年的江南造船厂, 现状为市内边缘 (inner-
periphery)。当局希望"通过世博会的统一规划, 在
上海黄浦江两岸形成新的城市公共中心, 促进上海

整体的和谐协调发展。"[1]

根据本届世博会"城市, 让生活更美好"的主
题, 世博园区总规划师吴志强决定以可持续发展为
设计理念, 他在园区的总体布局中, 阐释了中华文
化的阴阳合抱思想和太极图案, 以一个圆形整合两
岸, 但对浦西和浦东分别处理: 在老工业区浦西地
段植入自然元素; 在天然河岸为主的浦东地段植入
都市元素。实施方案以浦东地段为主, 浦西地段为
副; 主题馆和各参展国展馆安排在浦东, 浦西有企
业馆、未来馆、城市实践区和博览广场等。相关数
据显示, 世博园建造了大小展馆 99 个, 其中包括 5
座永久设施, 它们是世博轴、中国馆、主题馆、世
博中心和演艺中心, 简称一轴四馆, 构成世博园的
核心区。

[1] 引自吴志强主编. 上海世博会可持续规划设计 [G]. 北
京: 建筑工业出版社, 2009, 页 3.

[图 10.8] 中国馆"东方之冠"

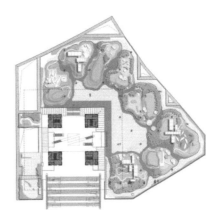

[图 10.10] 中国馆园林"新九洲清晏"平面图
（《2010 年上海世博会中国馆》华南理工大学出版社）

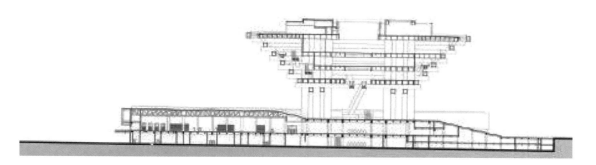

[图 10.9] 中国馆剖面图（《2010 年上海世博会中国馆》华南理工大学出版社，2010 年）

中国馆

2007 年 4 月，上海世界博览会组织委员会向全球华人征集中国馆设计方案，收到 344 个参赛作品，广州华南理工大学建筑设计研究院的"中国器"方案获得第一名。此后组委会决定由华南理工大学建筑设计研究院、清华安地建筑设计顾问有限公司、上海建筑设计研究院三方组成的联合团队负责深化方案和施工设计，由何镜堂任总建筑师。

中国馆由两部分组成，四层 60m 高红色的"国家馆"是主体建筑，一层 14m 高灰色的"地区馆"是裙楼。国家馆的设计概念是"东方之冠"，为一上宽下窄的方"斗"，由 4 根 18.6m×18.6m 的巨柱（功能为电梯间）承托，外形综合了古代士冠、青铜礼器鼎、木建筑构件斗栱的意象，其构造则直接反映了传统木结构建筑和斗栱体系的独特逻辑。地区馆被设计成为"东方之冠"的基座，其外墙利用金属叶片拼合出"迭篆"文字的刻纹，屋顶与国家馆的主入口平台相连，上面布置了一个名为"新九洲清晏"的园林，灵感源自清代圆明园四十景之尾景"九洲清晏"，景色是一泓碧水环绕八个土洲，加上国家馆，合称九洲。毫无疑问，中国馆是苦心经营中华文化的抽象设计。

世博轴

世博园的总体规划有一条南北向的主轴线，称世博轴，它的南端就是主入口广场。世博轴的功能首先是人行交通枢纽，它其实是一个大型、4层（包括地上2层和地下2层）、半敞开的人行系统，长约1045m，宽约130m，总建筑面积超过25万m²，通过相连的天桥、平台、隧道，游客可从这里前往各展馆；其次它同时具有商业、餐饮、娱乐、展览等服务功能；第三它是一个生态建筑技术示范案例。

世博轴敞开的顶棚，是拉张构造（tensile structure），由金属桅杆、钢索和膜布组成。膜布顶棚长约843m、最宽处约97m，分为69块大小不一的白色膜布，展开面积约达7万m²。顶棚开有6个漏斗形的"阳光谷"，平均高度约35m，顶部直径平均约70m。它的设计者是德国SBA公司[1]，设计通过阳光谷及两侧草坡，把绿色、新鲜空气和阳光引入各层空间，同时还采用地源热泵、江水源热泵、雨水收集利用等技术，充分体现了生态、环保和节能的理念。

（三）2010 广州亚运

广州在2010年11月举办第16届亚运会，当局并没有大量新建比赛设施，运动会所使用的主要场馆，例如广东奥林匹克体育中心、天河体育中心、广州体育馆、广东省体育馆、越秀山体育场、广东省人民体育场等都是现成的。新规划的亚运村位于番禺区"广州新城"引导块内，占地120ha，包括媒体村、运动员村、技术官员村等，于2009年落成，大部分属住宅类型的建筑，是未来广州城市"南拓"发展战略的组成部分。

广州为迎接亚运会所进行的建设项目，大部分都与改善城市基础设施和美化城市环境结合起来，其中海心沙广场和广州塔，是新城市轴线和花城广

[图10.11]世博轴、"阳光谷"

---

[1] 中方合作单位是上海华东建筑设计研究院。

场的重要组成。这两项工程，专门为亚运服务：海心沙广场是专门举行开闭幕式的会场"风帆"所在地，这一与比赛场馆分离的安排，属于首创；广州塔则具有为亚运会电视转播发射电波的功能。它们的落成，为广州市增添了新的公共空间和城市地标，本书第一、第二章对此有详细论述，这里就不重复了。

[图 10.12] 亚运开闭幕式会场海心沙"风帆"

（四）2011 深圳世界大学生运动会

为了举办第 26 届世界大学生夏季运动会，深圳进行了大规模的体育场馆建设，包括深圳湾体育中心、龙岗大运中心、宝安体育场、深圳大学城体育中心、龙岗大运村、海上运动基地等大型比赛场馆，配套工程有大运会国际广电新闻中心和大运中心周边配套市政工程，总数量达 22 个。

其中"大运村"位于龙岗区深圳信息职业技术学院新校区内，占地约 49.2ha，总建筑面积约 47.8万 m^2，分运行区、国际区、居住区和后勤保障区，

为约 1 万多名运动员和随队官员提供住宿、餐饮、娱乐和交通等综合服务，大运会结束后，转换予学院使用。

深圳湾体育中心位于南山后海中心区东北角、深圳湾 15km 滨海休闲带中段，是运动会的主要会场，由日本株式会社 AXS 佐藤综合计划和北京建筑设计研究院联合设计。整个项目占地约 30ha，总建筑面积达 25.6 万 m^2，包括体育场、体育馆、游泳馆、运动员接待服务中心、体育主题公园及商业运营设施。其建筑特色是一个白色巨型网格状、线条柔美的钢结构屋面，外形酷似"春茧"。由于体育中心地处被规划为未来的高端金融商务区内，所以设计采用了"一场两馆"以及结构与外壳一体化的紧凑方案，大大提高了土地的使用效率、节省了空间和建筑材料。建筑师还充分考虑了周边的环境特点，因地制宜，以开放式的空间布局和通透的立面处理，在体育中心东西南北四个方向均设置了开口，让市民自由出入，同时把海湾的自然景色纳入场内，创造出一个拥有无敌海景的运动场。一些环保节能

[图 10.13] 深圳湾体育中心"春茧"设计效果图

建筑技术也被融合在设计中，例如自然采光、自然通风、透光不透热的 Low-e 玻璃、海潮能、太阳能、屋面雨水收集循环使用系统等。

以上的 4 场国际盛会，为各主办城市带来了新的地标，吸引了不少游客。这些外形前卫新奇的建筑，构思独特，大胆运用新技术和新材料，并散发出典型的后现代主义建筑色彩。根据戴维·哈维在《后现代主义现状》[1] 一书中的评述，后现代主义建筑比较喜欢"能指"（signifier）而不是"所指"（signified）和故意地摹写某些主题（deliberately replicate themes）。可见"鸟巢"、"水立方"、"东方之冠"、"风帆"、"春茧"等，都是以建筑外形去摹写附会特定的事物形象，将建筑视为一种"能指"或符号。对于这些后现代"建筑符号"，即使在建筑界本身，也存在着很大的争议，因为将建筑视为一种"沟通的形式"（a form of communication），而不是房屋，无疑是对人类传统建筑观念的颠覆。

盛会结束后，如何利用这些耗资巨大的专业场馆，发挥优势，才是各主办城市所面对的挑战。奥林匹克公园有望在将来发展成为北京的新城市中心，但目前周围的建筑密度尚不足以支持这个面积近 1200ha 的巨型开放空间。有报道指鸟巢每年的营运开支高达 1.5 亿元人民币，单靠承办体育赛事及旅游门票收入，难以维持正常运作。水立方成功转型为水上乐园，经营略有盈余。

上海世博园保留了一轴四馆作为永久建筑，中国馆改为"中华艺术宫"，主题馆改为"上海世博展览馆"，演艺中心改为"梅赛德斯—奔驰文化中心"，其他一些场地被改造为主题公园，效果有待观察。

广州海心沙"风帆"在保留亚运公园和市民广场的框架下，将被改造为包括商场、旅游特产展示等在内的综合服务区。

深圳市政府早于 2008 年 12 月与华润集团达成协议，以 BOT 方式，将深圳湾体育中心整体交由华润集团投资、建设和运营，50 年经营期满后移交政府。现在体育中心以承办各类演出活动和提供大众健身设施为主。

社会媒体可能比较关注这些用公款投资的建设，被改为商业用途后，能否仍然为市民提供公共服务。笔者则特别希望政府有关部门能如同当年丹尼尔·伯纳姆（Daniel Burnham）带动城市美化运动一样，大力推广北京奥林匹克公园、上海世博园的先进规划理念和经验，特别是在关于节能、环保及生态建筑技术的应用方面，应该作为基本要求和标准，写进城市设计指引中。

参考文献

[1]　北京市规划委员会 .2008 奥运·城市 [G]. 北京：中国建筑工业出版社，2008.

[2]　吴志强 . 上海世博会可持续规划设计 [G]. 北京：

——————————

[1]　David Harvey. *The Condition of Postmodernity* [M]. Blackwell，1990.

中国建筑工业出版社，2009.

[3]　华南理工大学建筑设计研究院 .2010 年上海世
　　　博会中国馆 [M]. 广州：华南理工大学出版社，
　　　2010.

[4]　林树森 . 广州城记 [M]. 广州：广东人民出版社，
　　　2013.

[5]　David Harvey. *The Condition of Postmodernity*.
　　　Blackwell，1990.

第11章
对低碳生态城市发展的思考

叶国强

[图 11.0] 香港希慎广场绿色建筑设计

（一）前言

　　二十一世纪的中国，进入城镇化（城市化）高速发展时期，[1] 已是不争的事实，据世银及中国统计局的资料，中国城镇人口加速增长，从 1978 到 2013，中国城镇化率每年增长为 1.02%，并在 2010 后加剧。1980 年中国城镇化率为 19.4%，即只有少于 20% 的人口居住于城市中，在 2012 年中国已有一半人口居住在城镇里，到 2013 年中国城镇化率是 53.7%（魏后凯，2014），从 2010 到 2014 年 4 年间增长速度高于 2%。据联合国的保守估计，到 2018 年中国人口中会有大约 60% 住在城镇中，即 14 亿人口中会有 8.4 亿住在城镇里（刘志林，2009），据网上资料搜集的结果，根据地理上的都市面积（urban area）计算[2]，全世界人口最密集的大城市中的前十位中有三个位于中国，分别是上海、北京和广州。虽然不同数据源的结果也有区别，但也不能否定中国大城市极速增长的事实。

---

[1]　城市化是源于 urbanization 的翻译，在中国现时普遍采用的述语是城镇化。城市，都市和城镇在本文是共通的，是代表大大小小人口集中的和以工商服务为主的居住中心。

[2]　https://en.wikipedia.org/wiki/List_of_urban_areas_by_population retrieved on Aug 10, Sept 20, Oct 12, 2015 respectively, with reference to: http://www.worldatlas.com/citypops.htm and http://www.nationsonline.org/oneworld/bigcities.htm

世界上人口最稠密的十二个大都市

（人口 2000 万以上）　　表 11.1

都市 （Cities）	人口 （2015）	面积 Km²	人口密度 / （km²）	增长率 2010-15
1. 东京，日本	37.8 百万	8547	4400	0.6%
2. 雅加达，印度尼西亚	30.5 百万	3225	9500	3.6%
3. 马尼拉，菲律宾	24 百万	1580	15300	2.7%（1990-2014）
4. 德里，印度	22.2 百万	2072	12100	2.5%
5. 卡拉奇，巴基斯坦	23.5 百万	3512	6692	4.0%（1990-2014）
6. 首尔，韩国	23.4 百万	2266	17288	1.2%（2000-13）
7. 上海，中国	23.4 百万	3280	6100	2.9%
8. 北京，中国	20 百万	3820	5500	2.9%
9. 纽约，美国	20.6 百万	11642	1800	1.1%
10. 广州，中国	20.6 百万	3432	6000	2.48%
11. 圣保罗，巴西	20.3 百万	2707	7500	1.2%
12. 墨西哥城，墨西哥	20.3 百万	2072	9700	1.5%

　　在城镇化现象（张纯元，1985；简新华，2003；

尚娟，2012）的平台上探讨未来中国城市在社会及环境方面的挑战与机遇是此文的目的，加上引用一些香港和世界其他地方的发展经验，可为分析中国城市的可持续发展带来一些启示，并提供一些追求创新的机遇。

本文的探讨分为七个环节：其一，导论；其二，低碳生态城市的定义和发展；其三，高速城镇化下生态环境的急速变化及其影响；其四，国外城市的发展经验，其五，发展低碳生态城市的对策和措施；其六，未来低碳生态城市的挑战与机遇；其七，是成效的观察和结论章节。由于城镇化牵涉社会民生、经济、环境等不同的大范畴，一篇文章中不可能对其做面面俱到的分析，本文主要集中讨论创造良好人居环境的规划现象、问题、手法和挑战。

（二）低碳生态城市的定义和发展

从19世纪末期丹尼尔·伯纳姆（D.Banham）提倡的城市美化运动开始，到1963年的奥芝艾（V.Olgyay）的气候设计，七十年代索莱里（Soleri）的太阳屋和节省能源的建筑，1991年罗拔和伯连达·华尔（R.and B.Vale）的绿色建筑等，均侧重技术层面及生态建筑的概念和实践，其影响极为深远，既能实践四个"Rs"，又可建立城市多元化的技术措施和实践。英国在2003年发表《能源白皮书》，首先提出"低碳经济"，接着日本和国内学者也提倡"低碳生产、低碳消费和低碳生活"（丁仲礼，2008；顾

朝林，2009）。于2010年举办的上海世博会，主题是"城市，让生活更美好（Better City, Better Life）"，探讨城市美好生活的种种概念、构思、方法、实践等，范畴从建筑、基建交通的高科技层面到环保、低碳生态角度等，从产品零件、建筑到城镇区域。世博会亦提倡生态城市（O.Yanitsky, 1982; Register, 1987）、环保城市、低碳城市、绿色城市、智慧城市和紧凑型城市、暨可持续性城市和可持续发展城市。本文所探索的低碳生态城市的定义为：包括从节能减排和节省资源等目标和实践，到宏观的能源、生产和消费政策和策略（刘志林，2009；Zheng et al, 2012; Yu, 2014; Lehman, 2015），并且和生态城市结合，使它们具有可持续性，主要战略范畴是在能源、交通、绿化、产业、建筑和环保方面（魏后凯，2014），减少人类活动的碳足迹（刘志林，2009）。而郑力和他的团队的定义是：一种短期有清晰减排指标而长远能实现低碳经济和低碳社会的城镇（Zheng et al, 2012; Yang, 2013）。

低碳城市在实践逐渐减低碳排放的同时，把经济增长和碳排放脱钩并提高技术及优化制度暨管理等探索，近年提倡的低碳生态城市是符合可持续发展的方针。本文定义它为多元化、多角度的城镇发展政策和目标，包括土地管理、城市规划、交通基建管理、绿色建筑、绿色产业和消费，以及加强政策的推行、执行和监管，并且有全民参与的全方位城镇。

由于温室气体和污染物的排放导致地球暖化和破坏，在2011年，国家的十二五规划指出到2015年减排17%。除了碳排放严重外，中国的建筑物占总能源消耗的30%以上，美国是40%左右，这显示

节能减排是刻不容缓的。近年来，经常使用的流行述语包括生态城市、绿色都市、低碳建设环境、可持续性城镇等，相关文献多不胜数，讲述低碳城市的如 Price et al 2013 的《中国低碳指针系统》，Yu Li 2014 年的《低碳生态城市——中国城镇化的方向》，郑力等 2012 的《中国低碳城镇的发展——概念和实践》等。由于中国地缘广博，各区各城镇经济发展不一，因此中央政府把全国分成五大区，然后选择了八个试验低碳的城市，包括天津、重庆、深圳、厦门、杭州、南昌、贵阳和保定。另外，由于不同地区经济发展速度不一样，各省市可根据各地的实际情况订立一套低碳纲领，例如工业城镇如西安、兰州、天津、重庆、长春、沈阳、鞍山、唐山和齐齐哈尔等，将集中优先处理一些工业有关的项目，包括减少废物、可再生能源、发热制能的共同装置、工业及房屋的节能等。最困难的还是耗能高的工业城镇，因生产服务缺乏多元化，可改善的范畴和空间不多，集中处理的是从基本的热锅炉效能改善入手，创造及使用可再生能源如水、风和太阳能等，加上便捷的公共交通运输系统等，如因减慢经济活动而不能实行，应留待各省市及专家小组自己制定要求较低的一套碳减排政策，并付之实行。

（三）高速城镇化下生态环境的急速变化及其影响

城镇化所带来的社会、经济、环境的急速变化

是不言而喻的，密集化一方面带来很多经济就业、教育、医疗、社交和消费娱乐的方便和契机，另一方面亦带出其他种种复杂的社会经济环境问题。首先，城镇消耗全球 75% 的资源并产生 80% 的温室气体，它们带来的各种影响，主要体现在以下三大方面。

社会影响

城镇化带来人口密集化，形成频繁的经济及人类活动，在社会角度产生几方面的主要问题。其一、因为 20 世纪 50～80 年代的婴儿潮，城市人口的增长促进对医疗教育、休闲娱乐的需求，各种设施的建设造成对有发展价值的土地的过分抢夺，形成连锁反应，供应城市食品的产地渐渐远离城市，或城市的粮食补给要从更远的农村地区输入，周边地带要不断提供足够的配套设施，城镇扩张产生噪音、污染等种种环境问题，居住在城镇及周边的人们在身心健康上也日益受到严重影响。其二、流进城镇里的外来人口，影响了社会的治安，据网上资料[1]，广州、深圳、重庆、武汉、南京等城市，流动人口犯案是治安恶化的一个因素；户籍方面，中央在 2014 年七月宣布实行户籍改革，取消农业与非农户口界限，这样可能加速城镇化和都市化，因为过去城市中的临时居民不能享有与正式居民同等的待遇，包括医疗、子女教育、社会福利保障等，而户

[1] http://blog.renren.com/share/244825136/10392192738,http://bbs.tianya.cn/post-41-938589-1.shtml，检索日期：2015，9，9。

籍改革将促进这方面的规范化、合理和合法化，加促村镇人口向大城市迁移。其三、密集化引致电子通信器材的急速增长，改变了学生及城镇人口的阅览和阅读模式，这种现象在中、小学及大学极为普遍，一般而言，由于网上信息泛滥，会分散学生上课学习的专注力。其四、密集化现象会促使一线城市中住宅单位的面积缩小和建筑密度加大，在特区如澳门和香港尤为明显。而老的、经济价值低的、密度低的楼房将逐渐消失，城市中的活、古、旧历史记忆将渐离人世；加上城市国际化以及标准化预制件的广泛应用，令这种现象更为普遍及一致，使同质城市或通属城市（Generic City）大量浮现；因此当城镇中大量元素（软件和硬件）都渐趋相似及类同时，从建筑物的外观用料以至百货商场、连锁店，到店内的国际品牌货物，使各大城市迈向千篇一律，而特色家族生意及小食、夜市，只有在旧区或在指定旅游区内才可体验。其五、密集化的建筑群中建筑物与邻近建筑物的距离趋向收窄，令居民间的私隐度减少，人与人之间的摩擦和冲突相对增加。

总结各方面的观察，最重要的矛盾是急速城镇化使农村与城镇居民的经济收入差距渐渐拉大，容易引发不同社会阶层之间的冲突，以及小区中利益团体之间的纷争。而且，如果城镇化步伐太快，土地急速涨价，供求失衡，会引起土地征收及买卖纷争，以及当土地用途不协调，引致各用家、利益相关者之间矛盾加剧，亦导致各阶层包括政府与民间之冲突增加、严重影响社会的稳定与创造和谐城市的步伐。

经济影响

在经济方面，虽不是此文主要探讨的领域，但简单来说，城镇密集化，在地理空间上，镇担当更重要的缓冲角色，它们能减慢农村人口直接流向一线大城市，它们亦扮演农村过渡到城市的桥梁，辅助传统农业工业化、企业化、现代化，将中国的不同农村和城镇的产业优质化。 从以往鼓励高速 GDP 增长，到现在的稳定增长政策、优化投资环境、改良财务架构，密集化带动高速的资金流动并集中于城镇，加速企业发展，完善多元化经济，发挥乘数效应，同时城镇化亦更能推动 GDP 稳步增长。负面的亦是曾提及的收入不均及贫富差距增大的种种问题，老百姓普遍上不能享受社会繁荣的成果，而中等家庭对房屋面积的购买力会逐渐趋向小单位等。

环境伤害及破坏情况

城市消耗全球三分之二的能源并产生 70% 以上的碳排放。缺乏有效调控的急速城镇化过程，对环境及生态造成的危害尤甚，从 1850 到 2011 年，二氧化碳的排放增加了 16.5 倍（世界资源研究所网页）[1]，主要原因是城镇化过程中的化石能源消耗，如提供快捷便利的交通运输、依赖大量能源的工业生产、满足科技和住宅商业楼房的舒适和高效益要求等，因此加速城镇化直接和间接地令全球环境恶化。

---

[1] http://www.wri.org/blog/2014/05/history-carbon-dioxide-emissions，检索日期：2015，10，13.

此节集中讨论大城市对环境的一般伤害，当然小城市和镇亦有不同程度的环境效应，另外，也涉及高消费特色和垃圾问题。由于城镇频密的经济活动，产生一些普遍现象，如城市中过于密集的楼房建筑、大量集中的车辆和垃圾，引起一连串严峻的问题，包括各种污染、交通拥挤、温室效应、热岛效应、屏风效应等负面影响。当人类及经济活动急速加剧，这些效应和问题在高度密集的城市特别突出，因此环境污染问题在人口众多的亚洲及中国城市中尤为严峻。

由于中国企业数量多，人车数量亦多，碳排放总量居世界首位。污染方面，以空气、垃圾、水、土壤污染尤为严重，根据网上资料，PM10[1] 排名最差的几个大城市为北京、西安、成都、重庆和天津等。《中国日报网》指出，在 2014 年 90% 的大城市空气质量不能达标。而网上数据亦显示全球十大空气污染最严重的城市中，中国、俄罗斯和印度各占 2 个，而这 6 个城市全在亚洲，显示出这些国家对大量污染物排放的控制远远未能达标，无论是自己国家的标准，还是国际的排放标准，情况极其严峻。

目前我国仍是主要的世界工厂，工业污染为空气的头号杀手；其次是交通废气排放，加上风向、山势、地形等地理位置的因素，城市成为各种污染物的沉淀区。现今城市增长势不可挡，其中最令政府头痛的是如何平衡经济发展、社会和谐稳定和环境

保护。因此无论在碳排放方面，抑或是在城镇化的速度方面，政策层面应采取循序渐进的方法，全球暖化及生态环境的伤害、破坏和摧毁的严重性，已对人类的生存造成极大威胁，解决这些问题刻不容缓。在低碳城市设计方面，中国已经在建筑节能、减排、污染、材料应用、都市设计、土地规划上不断下功夫，建筑水平及技术也达到世界一级水平。但如果优质硬件没有得到良好的软件（人文素质和管理等）配合，会导致事倍功半的情况。

现以香港西九龙和维多利亚港两旁为例，说明高密度大城市的各种效应问题。其一，在图 11.1、图 11.2 可看到热岛效应的成因：街道上的空气不流通，夏天里家家户户不停运作的冷气机，是都市常见的热排放现象，还有密集的楼房、马路、混凝土、石材、玻璃和沥青等高吸热的建筑材料，加上络绎不绝的车辆和行人，加剧了市区的热岛效应、温室效应和暖化现象（O'Riordan，1995；Gu，2009；Botlin & Keller，2014；Ng，2010）。

[图 11.1] 香港岛某通风不畅的街道

[1] http://www.china-briefing.com/news/2011/09/28/chinas-most-polluted-cities-who-index.html 检索日期：2015，8，20.

[图 11.2] 九龙深水埗某街道及两旁常年关闭窗户的楼房（2012 年之夏天）

当然，不少城市环境的研究文献指出，城镇人口密集化亦有很多优点，譬如说在政策治理、资源的集中运用、各种便利的设施及活动、高度集中的第三类产业、系统化及高效率化的教育、电讯及种种城市服务等方面。联合国及很多独立机构的调查也发现：城市生活可说利多于弊，在发达国家，约有七成人口集中居住在城镇，他们的生活和就业都离不开城市。但如何从拥挤中寻找低碳生态的新出路，是现今社会和学者必须深入讨论的主题。

（四）国外城市的发展经验

1996 年联合国"跨政府气候变迁研究小组"认为要在 21 世纪末期将二氧化碳排放稳定在工业革命前的两倍。在 1999 年，172 个国家签署了《京都协议》，这无疑证明了很多国家希望积极减排。但要实现全球

减排的目标，仍是慢慢长路。环顾世界，英国是低碳城市的提倡者和先行者，随着国外开始发展生态环保城市，尤其是进入 21 世纪，国外众多新型低碳城市累积和提供了很多宝贵的经验。欧美城市人口密度普遍比较低，环境荷载如污染和废物排放量普遍比较轻，相对地国民教育和生活水平普遍也比较高，加上科学技术亦比较先进，但由于历史文化传统不同，在推行环保生态城市政策上也有很大分别。至于亚洲邻近的日本、韩国、印度和马来西亚也有关于低碳环保城市的规划，正在逐步迈向可持续发展的目标。笔者从网上和文献找到关于能源、交通、绿化和建筑的数据，但是有系统的产业和环保范畴的数据和研究结果比较零散，因此不在此讨论。举例说，冰岛的雷克雅美克主要以地热为新能源，可自给自足，将来更可以输电给其他国家。西班牙的塞维利亚成功将太阳能转化为城市的消耗能源。德国弗赖堡市是一个典范，它是太阳能之都，很多公共建筑已能做到能源自给自足，普遍使用可再生能源，新小区广泛安装太阳能板于住宅屋顶，表 11.2 是一些国外城市的低碳生态政策和实行中的措施介绍。

欧美低碳生态城市的一些措施　　表 11.2

弗莱堡	20 世纪 70 年代开始实施持续性政策，2020 年的土地规划全面推行绿色城市，市民街道，绿色交通，交通安静区，三成多市民普遍骑自行车，居民参与度极高，标准建筑节能规范等。
阿姆斯特丹	绿色建筑，环保交通，接近四成市民骑自行车出入，限制旧车进入市中心，电动公交车。
芝加哥	新能源：太阳能、风力、氢气燃料和发电；立体绿化，绿色交通和建筑，鼓励骑自行车。

续表

库里提巴	以人为本的小区，绿色交通及小区，交通安静区，积极从事小学环保教育，居民高度（70%）参与回收计划，2010 年获环球可持续性城市奖。
伦敦	绿色交通，绿色建筑，绿色家庭和机构计划，对汽车征收环保税，推行自行车出租计划。
波特兰	绿色建筑，汽车专用道，绿色交通。
雷克雅未克	地热，氢气燃料公共汽车。
斯德哥尔摩	新能源：太阳能、风力、氢气燃料和发电。
多伦多	广泛应用 LED 照明，绿色建筑，屋顶绿化，深层湖水冷却系统。
新加坡	零碳排放建筑，屋顶太阳能发电设备连接公共电力网。
丹麦萨姆索岛镇	自给自足的风力，生物能源和太阳能发电。

（五）发展低碳生态城市的对策和措施

土地管理

我国沿用城乡二元的管理制度，其中最大的难题是"上有政策，下有对策"，各处乡郊农地管理参差，没有统一的有效管理。城镇的未来挑战，首先要确立完善的城乡土地管理方针，建立统一管理制度，解决城乡户籍等种种社会问题，创造健全的土地统一登记制度，以减少城乡社会矛盾。

除了提高土地资源管理和土地的有效利用外，亦应确立良好的监察措施，以确保不同程度的污染问题得到改善。以河水污染为例，原本污染物集中于工业生产地区和沿海地带，可是近年已蔓延到西南和西北，从东北松花江到广东练江，从太湖到滇池，都出现了水污染。另一例子是天津 8 月 12 日的爆炸，无论最后调查的结果如何，这反映对土地管理及监控的重要及急切性。软硬件互相配合是非常重要的，监管部门对土地使用和监控要做到彻底，这不单单是安全问题。实行一套可持续性的土地利用和小区发展方案，能够防止水土流失、保护农地及提高农地生产值、从而减少滥用、不公平征收和冲突等。

城市规划

新旧城镇除了有宏观远瞻的规划，更应有详细发展规划和详细的监控蓝图。除了图纸外，应从基本做起，重视细部和小节，建设低碳的环保小区。但笔者最近参观了广东省南部新发展的小区，仍没有看到有一套高节能标准在执行。笔者认为，从环境的层面，最低限度也应推行一套可持续性发展的标准。笔者极不认同超前完成硬件，却形成鬼城，或所谓的空壳城的现象。这些缺乏基建配套和小区设施、缺乏经济就业活动和相关配合、缺乏人气的新市镇，生态建筑的可持续性从何谈起？从中外新市镇及小区发展经验可知，只强调硬件建设的时代已过去，经济高速发展的时代亦已过去，中国需要确立的是一种稳步增长、循序渐进的而有规律的发展模式，发挥城镇特色和加强原有的优势，共同创造宜人的居住环境。 但是在发展计划批出时，如果没有发展商和投资决策者的积极参与，向低碳指标进发，便不能初步推动大型环保生态示范城，亦不能创造环保的可持续性小区。

中国北京国际城市发展研究院院长连玉明教授所提出的"衣食住行，安居乐业，生老病死"的城市发展思想，并且要求市民从简朴生活开始做起，由民间监察、传媒采访，以至地理信息、卫星影像，全方位进行监察，下情上传，优化城市发展的软件。这种强烈的环保意识，值得大家重视。

绿色建筑及其评估

在绿色建筑方面，很多国家已实践了评估绿色建筑，而我国在20世纪90年代之前，建筑设计还未真正考虑有系统地进行绿色节能，还没有法规推动环保。我国试验节能建筑，第一步是在1991—1999年，只在部分城市推行，比1991年前建的楼房节能性提高了30%；第二步是在2000—2004年，又提高了20%；第三步是2005年之后，建筑的节能比已经达到或超过了65%。从2008年开始实行三星评估，至2015年1月止，全国绿色建筑标识项目达到2538项，设计元素有2379项[1]。现可参考中国绿色建筑与节能专业委员会的评审标准，采用以美国LEED为基础，从建筑土地、材料资源、能源、水耗量到室内空气质量、运作管理，创新设计等方面进行考察。但现时绿色建筑不是被广泛采纳也并不是全国各地都在实施（主要在大城市和重点城市试验），在落后地区的建筑审批过程中它不是优先考虑的内容。因此地方政府要订立统一的绿色法规准则，能协助全面创建更多的低碳生态建筑。

在政策执行方面，每一新市镇发展初期，除了规划大纲、总体规划外，更要重视小区设计、城市设计细则、人文空间的创造，建构低碳城市的细则，监管及落实私人开发的小区细部设计。例如在香港，楼房发展的监控除依赖入伙纸，满意纸，及目前暂没法律效力的绿建筑签证（后者不是法定规范）外，还需循序渐进地落实一套低碳建筑及小区发展证明。已开发的小区必须每两年递交低碳改良报告，指出每两年的公共地方减排效益证明及进度。当屋苑步入成熟期，随着维护保养的开支逐年增加，应对那些仍然维持低水平碳排放的屋邨及其他种类建筑群发出嘉许，用可持续发展基金加以奖励，树立为优质低碳屋邨的典范，在公共网络上推广。同样地，在设计时及入住后每一年的验证也同样作网上记录，予公众参考，作为奖励及推广低碳都市环境之用。建筑需要良好的软硬件相配合，有了公众参与，共同监察，才能提高民众认知及教育，优化管理软件水平。在住宅方面，维持良好低碳环保管理，订立可持续的物业管理策略，既可让公众能有效知道各屋苑的低碳环保表现，又可吸引买家、提高市场的投资意欲。

[1] http://www.chinagb.net/news/waynews/20150427/112258.shtml，检索日期：2015，10，10.

绿色低碳城市评估

在整个低碳生态城市方面的评估，无论政策如何以及实践进度监控如何，最终对低碳城市成效的评估才最重要。联合国及不同国家和地区已订立不同的指引，中国现时由三个主要单位负责，一、是国家发展改革委员会；二、是住房和城乡建设部；三、环保局。而总括的主要指标分为三十项，包括核心指标、引导性指标和延伸指标。我们国家在 2010 年定下的八个绿色生态试验城市，也套用这些指标，但是成效有待观察。

核心指标是合乎国策而必须遵守的，三十项指标分为四大范畴：一、资源运用的效率；二、宜人的环境；三、可持续经济；四、和谐社会。国家订下这些指针和目标，当然希望分阶段实行，每五年评估一次。除了核心指标，其他也应因各地的经济、社会文化的不同，而制定一套特定的评审指标。在资源运用的效率方面，应包括淡水回收率、工业用水回收率、使用可再生能源的比例、国民生产总值之单位碳排放量、国民生产总值之单位能源消耗量、人均建筑土地用量和绿化建筑的比例（包括现有建筑的存货清单和新盖建筑的两个数据等七项指针）。

譬如说在宜人环境方面，应该评估的 9 项指标，包括了空气、水和废物各占 2 项，以及噪音达标面积覆盖率、绿化空间的 500m 服务覆盖率和生物多样性等，还有例如提高集体运输网络效能、完善交通接驳系统、自行车使用的普遍性、公交车使用率的提高、温室气体排放量的减少、交通的安全性包

括了交通意外伤亡数字、市民使用不同交通工具的数量（如较多使用洁净能源的交通工具数量和相对总人口和使用交通工具人数之比）、人均垃圾弃置量和总量、人均用水量、污水排放和处理的成效等指标，目前仍停留在参考数据收集阶段，未落实到应用的层面。其他方面，如文物古迹保护程度，政府的医疗开支比例等，也应作为重要指针数据。这些指针反映了国民素质和文明程度，当中不同的数据能反映各城镇的真实情况，也可因应各地经济、社会发展程度的不同，以及历史、地理、环境方面的差异，相应地作调整。因此各工业及主要城市既有主要核心指标，亦有延伸和引导性指标，逐渐迈向整体性的统一目标，达到实践高水平的可持续发展。

中国的低碳生态城市实际案例

苏联生态学家亚尼茨基（Yanitsky）于 1982 年，美国城市设计专家和生态学家雷吉斯特（Register）于 1987 年就曾先后发表有关生态城市的概念和理论，联合国的世界环境与发展委员会在 1987 年也发表了《可持续发展》的原则和概念。中国在 20 世纪 80 年代经济开始飞跃发展，从最初的经济技术开发区、高新技术开发区，到后来的第三代产业园区，提倡工业生态园，以节约资源、清洁生产和废弃物多层次循环利用等为特征，是以现代科学技术为依托，运用生态和经济规律，以系统工程的方法经营和管理的一种综合性的工业发展模式，它强调单位之间共享信息，共同管理环境和经济事宜。有学者

在 20 世纪 90 年代提出山水城市的主张，想让人口日益膨胀的都市回归大自然，同时绿色建筑、绿色城市、可持续性城市、智慧型城市、低碳城市和紧凑型城市等相关概念，也受到国家和学者的重视及推动。但是，大型和有规模的低碳生态城镇案例目前还在试验阶段，因此笔者只能在总体规划和生态住宅方面举一些例子：

中国低碳生态城市里的一些实践案例　表 11.3

苏州西部生态城	以太湖湿地公园为"绿色中心"、以水为主的生态廊道，生态主导、智能电力、绿色交通优先、公益设施优先。
济南新城区规划	洪水分散区利用洪水为景观，运河通道，优化生态城区，腊山湖公园、森林公园、湿地公园，推崇原生态，创造多元性功能并集中资源的小区、服务、产业和公益小区及中心，限制对汽车的依赖而减少碳排放面积，增加了区域物种的多样性。
中新天津生态城南部次中心地下空间	典型的城市设计，利用地下空间解决因不同发展商发展引起地面上的综合性交通问题，利用区域景观，交通流线，创造地面生态谷，宜人暨多样性的地下、地面公共空间，绿色小区。
中新天津生态城世茂新城	自然景观优势，生态小区，慢性系统，主动与被动的现代节能居住环境，太阳能，三星建筑奖。
中新天津生态城绿色适老小区	公共交通，绿色小区，树种吸收空气中的有害物质，智能养老运营管理系统。
中新天津生态城生态住宅	绿色规划：环形绿色活动空间，便捷的小区服务中心、集中及入户式太阳能，低能耗玻璃，垂直绿墙，比传统三星节能再低 30%。

网上对天津、苏州和济南的报道和描述比较多，在中国建筑文化中心编著的《绿色低碳城区规划设计》一书中，也可找到一些案例，其他试验城市有徐州、厦门、杭州和深圳等。图 11.3 可看到世茂新城的太阳能、风能设计和大面积的绿化。图 11.4 和图 11.5 是广州在 21 世纪初建成的一个住宅楼盘，园林面积宽敞，座与座之间有不同主题的园林小品、园景雕塑，空间美和多样化增强了不少，绿化面积比楼房占地面积要多。反观大多数近代的发展，一味追求高和密，绿化

[图 11.3] 中新天津生态城世茂新城（资料来源：谷歌地图）

[图 11.4] 广州 20 世纪末期一个楼盘规划的发展商模形

[图 11.5] 楼房发展充分与园林融合的精心规划

园林大面积减少，用尽发展密度更甚于提供园林设施，经济因素及诱因所反映的价值更胜于其他，垂直的线性发展、密集式的楼房组合已成为现今很多都市社会的印象和记忆。除了绿化这一种手段，小区更要加大不同的低碳环保措施和采用更创新的设计。

　　除住宅外，过去二十多年其实也有不少私人发展商在积极打造低碳商业建筑。积极推动发展低碳城市，优化商业品牌，加上很多政府及半官方楼宇也在发展低碳建筑，低碳及环保概念从政府、社会、逐渐深入于民心，改变了市民日常的生活方式及思想行为。标准方面，除中国的绿色三星制外，美国LEED 也被普遍采用。譬如商厦方面，香港 IFC 二期及希慎广场（图 11.6 和图 11.7），分别荣获 LEED 金奖和白金奖，后者更是香港第一座获 LEED 白金奖的商厦，它以大面积城市绿窗、空中和屋顶及垂直花园设计，广泛采纳自然及综合性的通风策略，采用特制的低辐射玻璃幕墙及反光板，提供适当自然光，

[图 11.6] 于 2012 年在铜锣湾闹市落成的希慎广场外貌（王炜文摄）

[图 11.7] 希慎广场绿化屋顶及半透明平台（薛求理摄）

使用废物管理系统及再生环保材料，减少约41%的能源用量及约40%的自来水用量，创造了健康的环境，成为高密度环境下的新建筑典范，向低碳生活的目标前进。

[图11.8] 深圳龙华新区某楼盘模型

（六）未来低碳生态城市的挑战与机遇

中国目前低碳生态城市尚在起步阶段，尚未追得上欧美的生态城市，在全球经济缺乏动力情况下，实践低碳生态城市更是举步维艰，最主要的原因是工业生产以经济挂帅，大家错以为推行环保低碳、绿色城市及其措施，会牺牲一定的经济利益，因此普遍觉得发展工商业和低碳生态有很大的冲突。图11.8是深圳龙华新区一个新楼盘，它是在地铁站上盖建设的，交通便利，未来即将落成的各种文娱康乐设施、商场、市场等近在咫尺，可是笔者询问有

关推动环保、低碳节能和再生能源措施方面的问题，还是缺少回应。现在虽有环保专业人员担当顾问角色，但最终决定权是在开发商手上，如果各种投资服务业和工业领导层和决策者能够重视，加上政府有关政策、法规和鼓励，便能事半功倍，希望本文能说明这一完整的概念。

追求低碳是业界、政府和民众必须共同努力的事业，硬件方面，对建构低碳城市要精益求精，追求卓越的绿色环境。但在中国人口密度极高的都市中发展和建构生态城市，谈何容易？图11.9是一个全方位的低碳生态城市构建示意图，亦是全盘性的低碳生态城市政策的策略性模型，图中最强调的是多样性、多元化的合作、努力和配合。在学术领域中，教育界、研究学者分别能担当教育、研发、量化和订立更完善的标准的责任，推动更多城市化和低碳生态城市的研究，灌输学生和大众种种迫切性的环境破坏和污染问题，他们还可以帮助评估政策、措施及监控的成效。教育对象当然要从小开始，从小学开始，灌输不同程度的知识，贯彻对社会、环境和国家的爱护和责任。

在经济动荡不稳、竞争激烈的年代，除了遵从现有的法规外，工商界亦应多思考有关低碳工业、节能减排的生产技术改造，并且能担当更多的社会、地球和人类未来的责任。但不幸的是，工商界从业者多认为环保投资会降低利润，普遍希望政府增加资助和补贴。其实人类很多的生产活动，直接或间接地制造污染，如果厂商不先走一步，实践低碳目标的话，政府政策推动起来便有困难，加上国企的改革亦是复杂的工作。在推动绿色低碳经济上，各级政府方面应多方面和业界沟通，促进了解，从鼓励、奖励到指导及指引，从协商到监管和执行法规，多方面的配合工作，而且要平衡各方面的利益以及可持续性发展的各种需要。国家亦要在推动经济民生发展之余，和业界、学术界及研究单位订下一些更合理的政策和长远的战略目标，循序渐进地制定一套更完善、更有代表性和全方位的指标，以领导各方、各行业迈向最终目标。

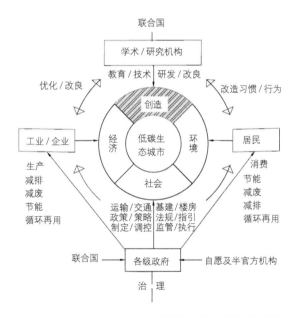

[图 11.9] 全方位的低碳生态城市构建图

最重要的当然是公民的积极参与，这种软件优化的困难，在于中国老百姓改变生活意识形态的过程非常缓慢，这除了从小加强环境公德的教育，更要使大家认识到地球健康的问题和重要性，应将环境科学、公民教育设为必修科，认识可持续性的重要，每一个市民通过从小正确的思想灌输和启发，以身作则，发挥公民之节约精神，配合个人日常生活之减废、减排节能和环保的习惯（Moriarty & Wang, 2014），才是长远目标。因此正确认识生态环境，保护环境，减少破坏，才是公民舒缓地球被破坏的庞大推动力。但要维持合理的经济活动，而且中国接近 14 亿人口，工厂林立，大城市车水马龙，如能达节约减排的指标，便显示虽然我们人口众多，亦能做得到，更可令其他高密度的国家以为借镜，形成良性竞争，加速全球对低碳、减排及减废指标的追求。所以中国城市如果能做到低碳达标，对世界有举足轻重的作用，成为好榜样，加速低碳生态城市的建构。

（七）结论

2015 年十一月底至十二月中在巴黎举行的联合国气候变化高峰会，各参会方一致达成协议：把全球温度变化保持在两摄氏度内（这是和工业革命时代前的比较）。在地球暖化及环境恶化的同时，一方面察觉到世界动荡不安，企业生存的困难，但另一方面企业仍以自我及经济利益为重，所以还要盼望各界各方努力，为地球、社会及人类的福祉，加倍努力，从个人生活习惯的改变到节能减废，才可减少对地球的破坏。从环境、社会和经济的角度，改善城市现状，企业和学术研究机构必须增强掌握科学技术，政府方面要多了解及平衡社会各方面的需要，订立全面和长远的策略，坚持和不断努力发展可持续性的经济增长，城市才有更美好的明天。

从各种文献及资料来看，全球低碳城市仍在萌芽阶段，在网页上公报及确定此类城市的国家和城市也不多，所以最有效的方法也是每五年定期评估各范畴指标，追踪其表现和并掌握数据，把同类型的城市群放在一起追踪研究，才可以做比较。这方面，可在联合国、各官方及非官方组织的引导下，积极推动低碳环境，达致可持续发展，拯救地球及子孙后代。

参考文献

[1] 丁仲礼.试论应对气候变化中八大核心问题 [C].CNC-WCRP、CNC-IGBP、CNC-IHDP、CNC-DIVERSITAS.2008 年联合学术交流材料。

[2] 顾朝林团队.气候变化、碳排放与低碳城市规划研究进展 [J].中国学术期刊，2009.

[3] 刘志林团队.低碳城市理念与国际经验 [J].城市发展研究，2009（06）.

[4] 魏后凯.中国城镇化——和谐与繁荣之路 [M].北京：社会科学文献出版社，2014.

[5] 张坤民.低碳世界中的中国：地位、挑战与战略 [J].中国人口、资源与环境，2008，8（03）.

[6] 张纯元.具有中国特色的城镇化道路的探讨 [J].北京大学学报（哲学社会科学版），1985，06.

[7] 李强，陈宇琳，刘精明.中国城镇化 "推进模式" 研究 [J].中国社会科学，2012，07.

[8] 简新华.走好中国特色的城镇化道路研究之二 [J].学习与实践，2003，11.

[9] 尚娟.中国特色城镇化道路.北京:科学出版社，2012.

[10] Zheng Li et al. *"The Development of Low Carbon Towns in China: Concepts and Practice"* [J]. Energy.2012, Vol. 47, P500-599.

[11] Lehman, Steffen. *Low Carbon Cities: Transforming Urban Systems* [M]. Oxon: Routledge, 2015.

[12] Ng, Edward. *Designing high-density cities for social and environmental sustainability* [M]. London; Sterling, 2010, VA: Earthscan.

[13] O'Riordan, Timothy. *Environmental Science for Environmental Management* [M]. Essex: Longman Group Ltd. 1995, pp29-62; pp171-212.

[14] Moriarty, Patrick & Wang, Stephen Jia. *Low Carbon Cities: Lifestyle Changes are necessary* [J].Energy Procedia , 2014, 61.

[15] Register, Richard. *Ecocity Berkeley: Building Cities for a Healthy Future* [M]. Berkeley: North Atlantic Books, 1987.

[16] Yanitsky, Oleg. *Towards: an Eco-city, problems of integrating knowledge with*

practice [J]. International Social Science Journal, 1982.

[17]　Yang Li & Li Yanan. *Low Carbon Cities in China* [J]. Sustainable Cities and Society, 2013, Vol. 9, P62—66, Elsevier.

[18]　Yu Li. *Low Carbon Eco-city: New Approach for Chinese Urbanisation*[J]. Habitat International, 2014, Vol.44, P102—110.

第12章
封闭式小区：城市生活的"癌症"——问题及对策[1]

缪朴

[图12.0] 位于上海市中心的长乐路提供了两种街道边缘的就近对比：左侧与传统里弄相邻，而右侧是一个新建的封闭式小区。

[1] 本文最初用英文以"Deserted Streets in a Jammed Town：Gated Communities in Chinese Cities and Its Solution"为题发表于英国《城市设计学报（Journal of Urban Design）》，8卷，1期（2003年），45—66页。并由作者大幅缩写后译成中文，以"城市生活的癌症——封闭式小区的问题与对策"为题发表于《时代建筑》，5卷（2004年），46—49页。此处为作者提供的较完整中译。

一、一种新的城市空间

这几年来，每当一个访问者走进上海内环线外那些最近一、二十年中开发的新居住区，他一定会有一种奇怪的感觉。与中心城区熙熙攘攘的街道相比，这里似乎不像是大都市的一部分。沿街肩并肩的高、多层公寓楼虽然与市中心没什么两样，它们的脚下都围绕着高 2m 以上的围墙并外加隔离绿带。但绿带外铺砌精致的人行道上却往往杳无人踪。整个街区看上去像没有演员的舞台布景！围墙在人行道边漫无休止地延伸着，有时你要走长达 500m 的距离才会看到一个装饰华丽，带着希腊雕像的大门，还配有穿着酷似警察的门卫。而在这些零星洞口之间的街道却更像是"卫城"之间的无人地带（图 12.1）。这之所以令人奇怪是因为这些地区人口密度高达 10000 人 /km²[1]。显然，这种新的空间模式——封闭式小区，正飞快地改变着我国城市住宅区的面貌，上述的体验正是该巨变的结果。本文将首次对这一可称为近年来对我国城市规划与设计影响最深远的趋势做一分析。

20 世纪 50 年代以前，我国大多数城市住宅是传统的低层庭院式住宅（建于 1949 年以前），每户住宅直接开向小巷或街道。20 世纪 50、60 年代政府在现有城市中心建的多层公寓工人新村不一定有围

[图 12.1] 上海郊区某封闭式小区外面的人行道。

墙，即使有也通常开有多个通向街道的无门卫的大门。20 世纪 70、80 年代为了尽快弥补"文化大革命"十年（1966 – 1976）之间几乎停顿的住宅建设所造成的居室短缺，我国从 1978 年改革以来开发了大批住宅工程。2000 年全国住宅面积达 441 亿 m²，几乎 4 倍于 1985 年的总数[2]。我们可以保守地说几乎所有这些新增住宅都位于某种形式的封闭小区中。封闭式小区不仅是郊区成片规划的新建大型住宅区的标准形式，同时也出现在城市中心区内，如市中心城市改造后产生的新建小型豪华楼盘或改建的传统住宅及工人新村，像北京的龙潭北里小区（1965）在 2000 年将原有的 15 个开口缩减到 8 个带门卫的大门[3]。从 1991 到 2000 年，上海 83％的居住小区均以某种方式被封闭起来[4]。同期中我国另一个经济重镇广东省封闭了 54，000 个小区，覆盖 70％以上城乡面积及 80％以上人口[5]。虽然没有全国性的统计数字，以上数据可以给读者对封闭式小区在我国的遍及程度有一个大体概念。

[1]　Shanghai Municipal Statistics Bureau，2001，P25。

[2]　National Bureau of Statistics of China，2001，P344。

[3]　肖雯慧，2002。

[4]　苏宁，2000。

[5]　张知干，2001。

二、我国封闭式小区的特点：中美对比

在国外封闭式居住区被广泛采用是从 20 世纪 80 年代初的美国开始的，到 20 世纪 90 年代末美国封闭式居住区总住户约为 300 万户，总人口约 840 万 [1]。但与此同时，这一居住形式在国外一直是争论的对象。显然，它在我国蔓延的速度远超过美国，颇有后来居上之感。我国封闭式小区与美国相比有何异同？以下将根据 1996 到 2000 年之间在《建筑学报》上发表的 12 个规划方案来分析我国典型封闭小区的特点。

首先，我国封闭式小区的问题与"小区"这一概念关系密切，该术语虽直接源自 20 世纪 50 年代引进我国的苏联"小区"（microrayon）规划概念，但它实际上与 20 世纪 20 年代诞生于美国的"邻里单位"十分相近 [2]。后来，小区被纳入国家规划法规中，成为我国投资开发及规划居住区的基本单元（图 12.2）。所有成片规划的新建居住区均按小区概念设计，连空间形态完全不同的老城内现有传统街区也经常在管理上称自己为"小区"。

与美国的模式一样，我国的封闭式小区周围用墙完全封闭，仅留一或多个带门卫的出入口。有时还在其边界加设闭路电视摄像或红外线报警监测系统。成片规划的小区通常在墙内设有一些半公共设施。根据房价的不同，这些设施可仅为一处集中绿地，也可包括游戏场，俱乐部，以至商场及游泳池等额外内容。小区通常由某种形式的居民组织雇佣保安人员进行管理。

但中国的一个封闭小区的人口及用地远超过美国的社区。我国一个小区通常占地 12 ～ 20 以上公顷，内含 2,000 ～ 3,000 户（假设每户 3.2 ～ 3.5 人）。与之相比，美国封闭式住宅区平均只有 291 户，其中几乎有一半社区只有 150 户或更少 [3]。据说大型尺度可产生经济上的规模效应，但我国以小区作为唯一的开发单元无疑也保证了大资本开发模式的垄断。可能与此有关，我国小区的结构组织（如每个小区下分 5 ～ 10 个居住组团，多个小区共同组成居住区）及建筑形式远较美国更为单一化。

[图 12.2] 一个典型的封闭式小区

中美封闭式住宅区之间另有两个对以后讨论意义重大的不同点。其一是我国城市的人口密度通常比美国城市要高 5 ～ 10 倍，这就确定了我国小区人

[1] Blakely and Snyder, 1997, P2。

[2] Gaubatz, 1995, P31。

[3] Blakely and Snyder, 1997, P22。

口非常稠密的特点[1]。美国城市居住建筑的主要形式是低层独户住宅，每公顷约 12～15 户。而我国典型小区中多为 6～7 层或 10 层以上的多高层公寓，每公顷约 120～180 户，容积率达 1.2～1.5。市中心地段的开发项目密度可能更高。在这样高密度及高速发展的城市中，几乎没有一个居住区的周边会长期存在农业用地——那些如我们在不少美国近郊新开发的封闭式住宅区外看到的。大多数我国近郊区的居住小区四周为交通干道，路对面是更多的住宅区。

另一个重要的不同点是我国居民以步行或公交为主要交通工具。就目前来说，绝大多数中国家庭不可能购置汽车。在 2000 年，平均每 200 户居民才拥有一辆私家车[2]。即使在未来私人拥有车辆的情况有重大改变时，由于我国高密度城市空间的结构性拥挤，居民也不可能在中心城区中大量使用私人汽车。这点可从东京，香港等类似高密度的现代化城市中当前居民的交通方式推断出来。

如果说封闭式规划在美国主要是为富裕或中产阶级社区服务，在我国则是大多数城市居民的居住方式。虽然媒体热衷于介绍少数为特定阶层设计的豪华楼盘，但大多数现有封闭式小区的居民收入高低不一。此点在最近新封闭起来的老住宅区（改革前建造的）中最为明显。直到 20 世纪 90 年代末以前，居民通常由其工作单位给予住宅，收入不同或社会地位不一样的家庭经常会住在同一栋楼中。即

使在今天，政府官员或国有企业主管可能依靠国家分配或房屋津贴享有豪华的住宅，但其工资不一定等同于西方类似经理人员的高收入。

为什么要封闭？在美国不同的社区会因其各自的社会经济特点给出不同回答，有的是为了防止外人使用内部的公共设施，有的是为了强调地位感，还有的是为了安全[3]。但对我国绝大多数封闭小区的居民来说，其主要目的显然是为了改善治安，其他结果只是附带的额外收获罢了。

中国封闭小区的管理方式也与美国有较大差别。由于我国正处于从国有住宅向私有制过渡期间，不仅多种房产所有制同时并存（如产权可属国家，国有企业，或私人），即使是私有业主也未习惯对自己的财产完全负责。一些住宅区的业主因管理费用太低，甚至无兴趣成立业主委员会。又由于我国法律制度还不够完善，不少地方政府对当地社区管理机构的建立，经费来源，运作及执法没有形成永久性的立法。因此许多社区的管理机构通常是由基层政府，物业管理公司（由开发商最初指定的或原国有房管所演变而成），开发商，及未必是通过选举产生的房主代表临时拼凑而成，并且按照政府随时颁发的各种法令进行管理。这样一个法理基础及执法能力薄弱的机构很难进行有效的管理，即使是在像征收管理费这类最基本的功能上[4]。

最后，我国封闭式小区的另一个特点说明了为什么该体制在我国蔓延如此之快。在当前我国从计

[1]　US Census Bureau，1994，p840。

[2]　National Bureau of Statistics of China，2001，p310。

[3]　Blakely and Snyder，1997，p39—45。

[4]　王晓俐等，2001；南京党建，2002。

划经济向市场经济演变的历史关头，维持社会稳定是政府的头等大事。而封闭住宅区被看成是防止犯罪，增强安定感的速效药。因此各级政府均把砌墙安门作为一项政府职责来执行。如中共中央社会治安综合治理委员会及公安部等把封闭小区作为检查基层政府安全创建活动的关键指标之一[1]。例如北京市公安局等三个市政府主管部门联合发出通知要求居民小区能封闭的必须封闭起来[2]。在这样的压力下，基层政府会在它们的工作日程中详细规定何年何月之前要封闭多少个住宅区。是否是封闭式管理成了一个社区能否得到"文明安全小区"荣誉称号的重要指标之一。由于在美国完全是由开发商或住户决定是否封闭自己的住宅区，我们不能忽视上述这些政府参与所起到的作用。我国政府对封闭式小区完全肯定的同时也在某种程度上限制了对其正反两方面后果进行深入研究及客观讨论的可能性。这也是为什么本文经常需要从像中学生社会调查报告或通俗杂志的案件报道这类非"正统"文献中引证资料的原因。

三、封闭管理有没有用？

由于安全是封闭管理的主要目的，这一手段究竟是否达到了它的目的呢？从媒体及政府报告中发现的回答不是清一色的。

一方面，一些城市及社区声称它们的小区经封闭及采取其他安全措施后，全年盗窃案数字下降达45% ~ 85%之多。[3] 报刊及其他官方报道表示政府官员鼓励封闭，因为该措施不必增加警力就能降低发案率。大多数居民也乐于封闭自己的小区，因为这不仅增加了安全感，同时也防止了无照摊贩的吆喝，过境交通的噪音，不请自来的推销员或门缝下塞进来的广告[4]。上海郊区一个中等收入的小区共有2,100户住户，1999年征求居民意见是否要封闭小区，结果显示68.5%赞成，11.3%反对，17.7%无所谓[5]。开发商相信封闭式管理有利于快销房产，更是在其广告上大做"24小时专业保安"，"智能化全封闭管理"之类的文章。这些正面的回应很接近美国市民对封闭式住宅区的评价[6]。1996年美国的一项调查显示，一个社区的保安设施越多，它的居民越倾向于相信自己社区的发案率比周围低[7]。

但另一方面，非官方的报告显示封闭式小区的居民私下里常抱怨围墙除了制造一个安全环境的幻象外，并不能保证真正的安全，就像有些居民所说的那样："花钱（指封闭的成本）不消灾"[8]。如北京

[1] 钟志伟，1998。

[2] www.cmen.net，2002。

[3] 侯召迅，2001；苏宁，2000；肖雯慧，2002；周劲草，2000。

[4] 倪国强，2000；贾晓燕，王小平，2001年。

[5] 倪国强，2000。

[6] Dillon，1994，p9。

[7] Blakely and Snyder，1997，p125。

[8] 王晓俐等，2001。

西城区在 1997 年开始建封闭小区，但 1998 年在已封闭的小区中仍然发生了 228 起入室盗窃案[1]。不少广为报道的盗窃凶杀案也发生在封闭式小区中。一个著名的例子是 1995 年北京昌平温泉花园的杀人案，导致了我国首例因人身伤害业主状告物业公司（而该业主的胜诉成了 1999 年国内十大房地产新闻之一）[2]。成都（1993）及苏州（1997）都报道过类似臭名昭著的案子[3]。

为什么封闭会有如此不一致的反应呢？首先，许多正面的统计数字因其调查方法的严谨性而值得讨论，如社会经济上的变动可能对某年发案率的下降更有影响。同时我们应承认基层干部为了取悦上级可能在数据中加水分。但还有一个最重要的解释。仔细调查一下封闭式管理成功与不成功的例子，我们可以发现罪案下降的社区总是采取了比砌墙安门更多的措施，特别是有效的由人进行的监视及巡逻。出问题的封闭式小区往往缺乏这种由人提供的保安措施。

由于我国大多数房产主的收入有限，即使是沿海经济发达城市的居民一般也只能负担得起 3 ~ 5 元的保安费。但这样的收费标准只能给保安人员支付 500 ~ 600 元的月薪，相当于这些地区平均工资的一半[4]。这使封闭小区，特别是居民收入一般的社区难以配备足够的保安。根据 2001 年的一篇报道，虽然统计显示 60% 以上的入室盗窃案发生在夜间，但北京 95% 以上的封闭式小区还是无法提供 24 小时门卫及巡逻[5]。在某些低收入的社区里，管理部门甚至把值班室租给商贩以弥补日常运营经费的不足[6]。即使有了真正的保安，他们也通常是年老体弱的退休人员，既缺专业训练又无合适工具。对一个住户数以千计的小区来说，这样的门卫根本无法检查所有出入人员和车辆，任何人只要穿着得体就可以过关[7]。这解释了为什么上海一个封闭式小区的出租房主被他的房客将家具搬运一空，而另一个房主一年中被撬三次门[8]。

即使有严格的门卫，封闭小区内如没有持续的巡逻仍将难以保证安全。前面提到的几起盗窃凶杀案中的作案人可以轻易攀爬到几层楼高，单单一堵墙很难防范这样下了决心的职业罪犯，更不用说一些小区的墙本身就有不少漏洞。在前述的一个案子中，一旦罪犯进入一个封闭式小区，围墙反而使侵入者难于被区外马路上的行人或相邻住宅内的居民发现。但由于我国一个小区动辄占地十几公顷，即使不考虑经费，也不可能做到在任何时候任何地点都同时有保安巡逻。

美国有关的研究印证了封闭式管理在保安方面的上述局限[9]。佛罗里达州劳德代尔堡（Ft. Lauderdale）市的警察局对 1988 到 1989 年之间封

[1]　那日苏，2001。

[2]　毛磊，1996。

[3]　袁希科，陈彬，1998；郭九聪，赵炳荣，1998 年。

[4]　Sohu.com，2002；王晓俐等，2001。

[5]　那日苏，2001。

[6]　南京党建，2002。

[7]　韩景童，2000。

[8]　王晓俐等，2001。

[9]　Dillon，1994，p11-2。

闭及开放式社区的发案率进行比较，发现在这两类社区之间无明显不同[1]。

四、城市生活的癌症

即使不考虑封闭式住宅区实际上能否防范犯罪，美国一些研究城市的学者同时指出了一个更危险的问题——封闭对城市社交生活的副作用。作为西方文明重要支柱的自由主义传统一贯强调由不同阶层的居民共享同一个公共空间来增进互相了解，从而提供一个"社会安全阀"。而物质的墙或栅栏只会加强社会中因经济，文化，种族等已形成的"墙"，导致一个四分五裂的社会[2]。正如美国首先就封闭社区做专著研究的布来克利和塞德（Blakely & Snyder）所警告的："在一个开放的社会里，即使有一定的隔离存在，不同肤色及收入的人群仍必须一起解决他们共同面对的问题。在一定程度上，他们会因此而学着更尊重对方，其社会关系网也因此扩大了。在一个隔离的社会环境中，社交距离产生成见及误解，时间长了将导致恐惧及更远的社交距离"[3]。在我国，由于前面讲到的居民在使用公共空间上与美国的两个不同点，封闭式小区对城市社交生活造成了更大的破坏。

首先，由于中国城市的高人口密度限制了居民家中的私有空间，居民必须依赖公园，茶室及其他城市公共场所来进行在美国通常在自家后院进行的社交活动。这在一定程度上解释了为什么中国居民使用城市公共空间远比在西方频繁[4]。其次，有限的私车拥有率意味着这些频繁的光顾必须通过步行，自行车或其他设固定站点的公共交通来实现。由于封闭管理与这两个独特的行为形式有着结构上的冲突，它至少产生了以下三个问题：减少公共街道上的社交活动，不利于合理布置公共设施，及不便居民日常生活。

1. 无人的人行道

街道是中国城市公共空间的主要形式。城市学者都知道，人越多的街道上社交活动越活跃[5]。由于一个封闭式小区的内部道路上不可能有很多人（同时详见后文中有关人群单一性问题的论述），真正的公共空间只能是小区围墙外的城市道路。要鼓励居民到这些街道上来就必须增加步行入口，例如像建筑直接开向人行道的门洞口及横马路或步行小径与街道的交叉口。美国城市设计理论家阿伦·雅各布斯（Allan Jacobs）认为，所有他所谓的"伟大的街道"都有一个必然的共同元素："最好的街道在它们的边缘上都有一种透明感。"他观察到："最好的街道边上都满是门洞口，其间距可近到 12 英尺（约 4 m）"（图12.3）[6]。至于街道的交叉，著名的美国城市理论家

[1] Blakely and Snyder, 1997, p84-98, 122-4。

[2] Davis, 1992, p155-6。

[3] Blakely and Snyder, 1997, p138。

[4] Pellow, 1993, p419；Miao, 2001, p15-6。

[5] Whyte, 1980, p19。

[6] Jacobs, Allan, 1993, p285-6。

简·雅各布斯（Jane Jacobs）指出："频繁的横马路及较短的街坊允许邻里中的居民对城市空间形成错综复杂的交叉使用，所以特别宝贵"[1]。阿伦·雅各布斯根据他对许多成功的传统街道的观察，建议道路交叉口之间不应大于 90m，特别繁忙的街道应有更频繁的交叉口。他对世界各大城市所做的普查显示，大多数传统老城区内的街道每隔 60m 到 100m 就有一个交叉口[2]。

[图 12.3] 上海中心城区内传统人行道边上满是门洞口。

与这些行之有效的原理相反，封闭式小区出于其本质不允许小区边缘的住户直接向公共街道开门。由于我国的小区占地面积大，为了节约门卫成本又必须减少开口，沿小区的商业街通常每 150 ~ 200m 才有一个道路交叉口，而交叉的横马路或步行道可能还是小区内部道路。如果不算这些内部道路，同时小区外的道路又未规划为商业街，则道路交叉口

之间的距离有时可长达 500m（即整个小区的一边边长）。为了标榜自己的楼盘是"封闭式"，有的开发商甚至非法地将市政规划道路圈入小区，在郊区形成许多超大型街坊，以致市政当局事后必须强行打开被封闭的公共道路[3]。即使在原来道路网稠密的市中心区，不少政府发起的城市改造工程通过关闭原有的小街小巷来达到典型的小区规模。如上海闹市区某 4.5km² 的区域中，在 1997 年一年中就有十条这样的道路消失了[4]。最后产生的肿瘤般的超大封闭街区不仅阻碍了街道——城市生活的脉络——吸收附近的"营养"（居民），同时也使城市其他部分的居民对访问这些街道兴趣索然。这是因为他们无法使用封闭式小区的内部道路，每个"城市大院"都会迫使以步行为主的访客绕很长的冤枉路[5]。

封闭式管理除了减少进入街道的物质入口外，同时也加剧居民对"外面"的心理恐惧，降低他们的外出欲望。加拿大建筑评论家川华·博地（Trevor Boddy）分析道："当前的环境中充满毒品、罪行，及日益恶化的种族关系，'在里面'就成了被保卫，支持，爱护的有力象征，而'在外面'令人联想到被暴露，孤立，及软弱可欺"[6]。这种"内外观"可以从我国一个封闭小区居民的描述中反映出来："可是你出来了栅栏门，一切就都变了。"被异化的"外面"展现出种种与舒适的"里面"相对立的迹象，像满是垃

[1]　Jacobs，Jane，1961，p186。

[2]　Jacobs，Allan，1993，p302，262。

[3]　广州日报，2001。

[4]　习彗泽，1997。

[5]　刘嘉峰，2001。

[6]　Boddy，1992，p139。

圾的道路，非法的小贩，肮脏的食物摊，抢劫及拐带儿童，这使该居民感叹道："派来的保安人员也只能负责起栅栏门里的安全，至于栅栏门外，对不起，您好自为之，别掉以轻心。于是一早一晚的桥头（指小区入口处）附近，便出现了这样动人的场面：大人护送孩子，丈夫迎候着妻子……社会的不安定，倒让家庭显得更为和睦"[1]。

上述物质及心理上的屏障阻碍居民使用城市街道，形成一种恶性循环：人行道上的人越少，社交活动就越少在那里发生，而街道对更多人来说就越显得没有吸引力。这导致一方面市中心的商业及其他公共设施拥挤不堪，而另一方面除了少数有商业或公交站点的地段外，大部分围绕郊区封闭式小区的街道上杳无人迹。考虑到我国城市的高人口密度（即使在郊区）及居民对公共空间传统的高使用率，大量空荡荡的人行道意味着被浪费的资源及失去的机会，它们完全可以成为社交活动的舞台，为来自不同社区的人们提供各种偶遇或常聚的角落。

封闭的原本目的是为了安全。但有意思的是，它在街道上造成的无人地带实际上助长了犯罪。美国社会学家奥斯卡·纽曼（Oskar Newman）的调查发现，一个最有效的安全措施是他所谓的"自然监视"，或居民对认同为自己社区中的公共场所的持续关注[2]。封闭式小区外空无一人的街道有利于罪犯翻墙打洞，而大墙同时也阻断了区内居民对城市

人行道或相邻小区的视线，不利防范发生在那里的罪案。

2. 被分割的公共设施

美国城市学者威廉·怀特（William H. Whyte）的研究发现，一个公共空间的成功取决于多个必须同时存在并互相呼应的因素，包括人，座凳，阳光，绿化，食物，吸引注意力的事物及临近街道（在我国城市中还要加上靠近公共交通站点）[3]。但封闭小区的典型规划模式在布置这些公共设施时却呈现出一种精神分裂症。为了保证足够的服务半径，超市，农贸市场，饭店及中小学校这类商业或教育设施被设在小区边缘外侧，与通常是城市交通干道的大街相邻，目的是使多个封闭小区均能使用该设施。与此同时，封闭的本质又要求将每个小区的步行区，绿地，游戏场，会所等设施设在该小区的中心。在某些最不合理的个案中，开发商甚至将商业设施也关在大墙之中，企图把自己的楼盘建成一个完全自给自足的小社会。这些例子将能滋长公共生活的各种元素彼此割裂，既不符合人的行为形式，在实践中也并不成功。

被圈在墙里的设施还有另一个问题。由于单个小区中使用自有设施的人数有限，使用者的收入水准及文化背景也可能较为单一化（特别是在新建小区中），这些设施对激发不同社会群体之间的社交没有多大助益，难以被称为真正的公共场所。由于位

---

[1] 吴志实，1988，p25。

[2] Newman，1973，p78–101。

[3] Whyte，1980。

于豪华住宅区内的设施往往使用率不高，而中低收入社区内通常没有或只有最低标准的设施（像那些改革前建造的），封闭式规划模式使得城市公共设施丧失了它们应起的"社会安全阀"的调剂作用（图12.4）。例如北京一些封闭小区甚至禁止居民的孩子把他们不住在小区内的同学带进区内使用儿童设施[1]。即使当几个标准相近的住宅区相邻排列时，现行各自为政的思想方法造成每个小区重复建设相同的低水平设施，虽然它们完全可以将资源集中起来为居民提供更为多样化的公共场所[2]。

3. 对日常生活功能带来障碍

封闭小区除了破坏城市社交生活外，同时也对居民在油盐酱醋层面上的需求造成不便。例如，我国小区的典型规模使大门离不少住户距离遥远，再加上我国居民通常靠步行来解决大多数日常功能，去一次小区外的商店或诊所对老弱病残或带幼儿的父母来说就变得非常困难。以致一些社区内不听话的居民为了抄近路在墙上打洞[3]。一项西方的研究指出，封闭式管理减低居民步行的意愿（包括步行到公交车站），增加汽车的使用，导致更严重的塞车及环境污染[4]。由于私车在不远的未来会进入我国不少家庭，这一警告对高密度的我国城市来说意

[图 12.4] 上海某封闭小区内无人使用的"公共"设施。

义重大。

基层报告揭示，居民的另一项不满是应急车辆不能迅速抵达封闭小区中的目标[5]。封闭同时暴露了居民与流动小贩之间又爱又恨的关系。由于大多数摊贩来自内地贫穷省份，某些城市居民视其为潜在罪犯。但因为大多数城市家庭收入一般，需要依赖摊贩提供廉价商品或服务，所以当封闭后摊贩突然消失时，居民马上又觉得不便。一些封闭小区不得不以某种方式把小贩再请回来[6]。封闭小区内的商业除了没有促进不同阶层交流的社会功能外，通常因客源有限而产生价格无竞争力及花样太少等问题，导致在许多中等收入的社区中无法经营下去。北京大部分已入住的封闭式小区不得不将区内设施对外开放，从而又制造了与管理模式的自相矛盾[7]。

[1]　綦方华，2001。

[2]　王磊，2001。

[3]　贾晓燕，王小平，2001；那日苏，2001。

[4]　Burke，2001，p144。

[5]　王晓俐等，2001。

[6]　建琦，1999。

[7]　北京青年报，2001。

五、与传统城市相比较

与中心城区的传统街坊相比，郊区新建封闭式小区的居民经常抱怨自己的社区没有"人气"。要认识目前封闭住宅区的缺点，最好的办法是看一下历史上的城市形式是如何解决安全等问题的。上海典型的老街坊由 20 世纪 20 年代到 40 年代建造的里弄组成。每个里弄是一个对外相对封闭的小社区，内为连排的独家住宅（一种欧洲的 townhouse 与我国的四合院在高密度环境中杂交而成的形式），人通过排之间的小巷进入各单元（图 12.5）。小巷虽不宽但刚够出租汽车或急救车慢速开入。里弄虽有大门，但通常有多个并始终对外开放。门旁经常有一小烟纸店形成自然监视。店主通常就住在同一里弄中，有时还兼做弄内公用地段的清洁工作。靠近街道的单元通常把正门直接开在人行道上（图 12.6）。一个里弄平均仅有 46 户，为今天成片规划的小区的四十到六十分之一[1]。由于每个里弄不大，居民可以方便地步行到弄外的商店及车站，并因为住户彼此都认识，大家都有一种强烈的领域感。

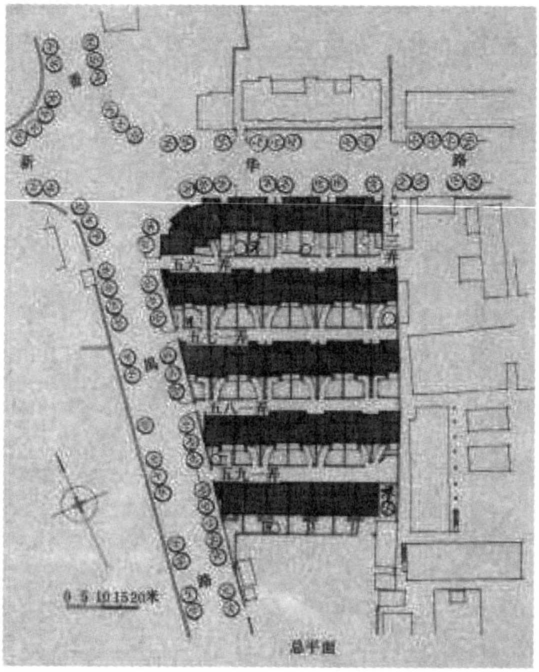

除了每个里弄很小外，上海中心城区的街坊（即街道间距）一般也较小，在较老的地段仅为 100m×150m。这样细密的城市结构为街道创造了频繁的步行入口，像里弄的大门及街道交叉口。再加上沿街的许多商店，阅报栏，袖珍绿地等社区设施，传统的街道充满了吸引人，社交活动及自然监视发

[图 12.5] 里弄：典型平面

[图 12.6] 里弄：部分单元的入口直接开向城市街道

生的事物（图 12.3）。里弄内由于用地紧凑，一般都不含任何公共设施，这使城市街道成了唯一集中各类活动的公共中心。总之，在精明的上海房地产商

---

[1] 沈华，1993，19—20，24 页。

手中，里弄这一不自觉的设计模式没有为了解决某个单一问题（如安全）而不管其他功能。它的每个元素都是多功能的，因此里弄能同时回应居民的多种需求，创造出一个方便居住，鼓励步行的环境及一个高效使用土地等资源的空间模式。

六、为什么一个资本主义模式在我国那么流行？

虽然我国从 1978 年开始部分采纳市场经济体制，但它仍把自己看成是一个社会主义国家。作为一个发展中国家，我国在引进发达国家的许多重大社会，经济及文化制度时进度并不很快。封闭式住宅区即使在美国也不过是从七八十年代开始流行，为什么这一资本主义模式在中国发展得这样快呢？特别让人困惑的是中国的发案率还不到美国的一半（1998 统计数据）[1]。

首先，正如布来克利和塞德所说的："对犯罪的恐惧与犯罪的实际危险没有必然联系。"在美国，居民的恐惧实际上是因为他们觉得无法再控制发生在他们周围的变化，像人口种族成分的日益多元化或传统中产阶级近郊社区的逐渐贫困。"在经济，人口及社会变化使焦虑程度日益增加时，封闭住宅区能让人宽心。因为它把一个我们觉得在其中易受欺负

的世界隔离了开来"[2]。对我国公众来说，1978 年改革以来的社会充满了个人无法控制的变化。铁饭碗的雇佣制度不再存在了。从 1978 年到 2000 年之间上海市的失业率增加了 52%[3]。贫富差距严重加大了。1994 年我国 20% 的家庭占有全国家庭总收入的 50.2%，而美国相同比例的家庭只占有该国总收入的 44.3%。犯罪学者认为，这样快速增长的贫富不均是我国从 1979 到 1998 年之间有记录的罪案上升 212% 的原因之一[4]。

巨变同时发生在社会及文化领域中。传统的共同价值观像共产主义或儒家哲学不再有过去那样的号召力，而新的理想又未树立。在这样一个价值真空中，人们日益将注意力集中在个人物质财富的积聚而不是任何社会目标上，社会分化及部落化加剧。我们现在甚至有了中国版本的"种族"问题。由于沿海城市收入水准普遍高于内地农村，大量涌入城市的农村移民中在城乡生活标准悬殊的刺激下固然产生一些不法之徒[5]。但移民不熟悉的口音及生活方式更加重了城市永久居民对公共空间的怀疑与恐惧。

因此，虽然中国与美国在案件的绝对数上相比维持了较低的犯罪率，但居民一旦比较今昔的日常生活就会日益觉得不安全。在当前动荡的社会转型期间，封闭式住宅区无疑成了可以立即增加安全感

[1]　Troyer and Rojek，1989，p4；Feng，2001，p124；FBI，1998，p5。

[2]　Blakely and Snyder，1997，p101，128-9，145-52。

[3]　Shanghai Municipal Statistics Bureau，2001，p4。

[4]　Cao and Dai，2001，p78；Feng，2001，p123-4。

[5]　Ma，2001。

的速效药。不过，封闭式管理比其他西方观念更快地受到我国居民及政府的欢迎与这个模式可以在中国文化及城市发展史中得到共鸣有关。

与西方城市起源于商人工匠发起的自治市不同，自古以来中国城市主要是作为帝国为收税及军事目的向各地派出的哨所而存在的。如著名的德国社会学家马克斯·韦伯（Max Weber）所指出的："与西方不同，中国及整个东方的城市缺乏政治自主。"由于我国城市本质上不是由普通居民结社而成，"中国城市的兴盛主要取决于帝国政府而不是公民在经济及政治事业上的进取精神"[1]。这一特点在中国城市文化中产生了两个意义重大的后果。第一，普通市民一般对自己城市的公共事务缺乏参与并没有兴趣参与。第二，因为缺乏压力及预算来使地方政府多关心市政功能，修路救火这类事必须依靠当地少数乡绅来筹款经办，而这种民间的自我管理从未被官方制度化。所以，中国城市在市政服务上向来"因陋就简"。城市居民只能靠自己来解决许多日常功能需要，包括治安问题在内[2]。

这些文化特征在物质环境形态上表现为内向的私有空间（像四合院），公共与私有空间之间薄弱的联系（街道两侧的高墙），以及缺乏街道之外其他类型的公共空间（像西方城市中的广场与公园）。衙门及兵营等政府建筑通常呈一个坐落在城市中央的封闭大院，粗暴地打断了当地的民间交通。上述这一传统从清朝，民国，一直延续到改革前的中国，似乎得到我国近代史中不同政治体制的一致认可。

直到 1978 年改革以前，政府管理城市的基本方针与上述传统没有很大不同。中央政府按国家的战略部署在城市中建造工厂，大学及其他"重点工程"，它们以一个又一个自给自足的大院形式出现，很少考虑如何与周围城市脉络的互动（图 12.7）。"在它自己的城墙包围中，单位大院成为一座微型城市，它为居民提供工作及娱乐场所，家庭及邻里生活空间。你必须通过一个带门卫的大门才能进入单位大院严格控制的环境"[3]。与此同时，这些重点工程外面的现有城市街道及市政服务通常因忽视及缺乏资金而任其自生自灭。

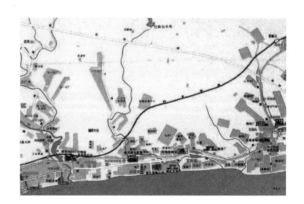

[图 12.7] 城市发展由一个个单位大院组成——湖北省宜昌市近郊城区平面

自 1978 年的改革以来，单位大院的围墙被许多私人承包的商店所打破。但是，没有深入的政治改革及对传统文化的反省，像群众对公共事务的冷漠这样的老习惯仍旧根深蒂固。地方官员由于是由

[1]　Weber，1951，p13-6。

[2]　Strand，1995，p394-426。

[3]　Gaubatz，1995，p29-31。

中央政府任命的，自然更关注能引起上级注意的大型基本设施建设或城市表面的美化。至于城市的日常生活功能则尽量让当地社区自行解决。与过去时代相比，今天的市政服务虽在很大程度上现代化了，但仍远远落后于西方发达国家的城市。例如，到 20 世纪九十年代末美国为每一万居民所配备的专业警察平均数量要比中国多几乎 20%，不用说我国警察还有在设备及训练上的差距[1]。

在西方社会中，封闭式住宅区受到坚守自由主义传统的人们的批判，在我国就不存在这样起平衡作用的社会舆论。加上没有类似西方公众对参与社区事务的热情及有效的专业警察服务，我国普通市民自然更关心如何保护自己而不是社会交往。"大院"式的传统空间结构从而迅速通过封闭式小区重新主宰我国城市。连外来移民都会形成自己的封闭住宅区，例如像北京著名的"浙江村"中有 48 个带围墙的院落，安置了近 40，000 名从温州来的移民[2]。封闭式管理在美国的流行不过给我们这种有选择地向西方学习加上一轮"现代化"的光环而已。一个报刊评论员看到这些自我矛盾的地方，他问道，在今天开放的年代，到处都在拆许多物质或社会意义上的"墙"，"为何我们的住所却越来越封闭了呢？"[3]。另一个作者指出，虽然政府为了迎接 2008 年奥运会，尽量强调北京作为国际都市的开放性，但"过去的皇城，紫禁城不是开放的，更不是国际

性的，它只是为了一个人，即皇帝而使用；20 世纪 50 年代到 70 年代，北京的发展单元是一个个尺度巨大的大院，如一机床；80 年代出现的城市建设新角色——开发商，依然强调封闭式小区管理。这种不同年代，不同形式的封闭，给北京城市道路即城市空间的发展带来了很多问题"。[4]

七、提议一个新的设计模式

如何既满足居民对安全的需要，又避免封闭式管理的副作用？美国某些封闭住宅区的批评者像迈克·戴维斯（Mike Davis）除了说居民的恐惧纯粹是媒体与保安业炒作的产物之外别无对策。他甚至声称保安措施本身会刺激穷人而"引发"犯罪。[5]这样的极左理论无论在中美均很难说服居民不走封闭之路，因为世界上有很多东西我们完全可以在亲尝苦果前就决定采取预防措施。"恐惧是真的。"布来克利和塞德指出："无论犯罪实际上有什么样的威胁，对犯罪的恐惧及恐惧本身都会毒化家庭，邻里及一般生活质量。我们必须解决这个问题"。[6]他们及其他学者提出了许多针对美国社区的新设计模式及社会政策，以期不靠封闭同样能达到防止犯罪及控制外来交通的目的，其中某些建议也可被用在其他社

[1]　Bracey，1989，p130；US Department of Justice，1993。

[2]　Zhang，2001，p201-22。

[3]　吴林梁，2000。

[4]　刘嘉峰，2001。

[5]　Davis，1990，p224-6。

[6]　Blakely and Snyder，1997，p101。

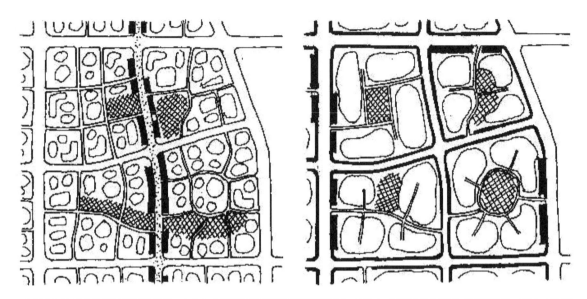

[图 12.8] 两种住宅区的结构对比:（左）由可防卫建筑群组成的住宅区。（右）由封闭式小区组成的住宅区，每个小区下分居住组团。图例：粗黑线为封闭的小区边缘，黑色为商业用地，网格线为集中绿地及其他公共设施，麻点为共享街道

会中。[1] 但我国学术界中迄今尚未看到有关封闭式小区的研究发表，许多规划师或建筑师恐怕仍然认为封闭式管理是必然的方向。

吸取传统城市的经验及近年来规划的新动向，本文特提出以下四个设计概念，它们主要依靠物质手段并针对新建工程，试图为现行的封闭式小区提供一个替换的城市住宅区模式（图 12.8）。其中个别概念已被有些作者言及，但他们的文章并非讨论本文主题，也从未质疑封闭式小区与城市之间被割裂的关系。[2] 本文同时将用作者在 1999 年为上海郊区一个新建住宅区——金桥新村一街坊——所做的规划方案来图解这些概念（图 12.9- 图 12.12）。

1. 作为防卫单元的建筑群

要达到保安的目的，确有必要在私有空间与公共领域之间设一个控制口。但把控制口设在整个小区外面增加不了多少保护，只会制造前述的副作用。因此建议将防御线设在一栋或多栋公寓或排屋周围。作为本模式中最基本的自卫细胞，该建筑群对外完全用墙封闭，仅留不多于两个的带门卫或自动关闭的门口。一个可防卫的建筑群由 100 ~ 150 户组成，远小于规划法规中 300 ~ 800 户的居住组团。它既不太小以致无法维持一个学前儿童游戏场，但也不太大以致无法被居民认同为一个社区 [3]。应尽可能避

[1] Zelinka and Brennan, 2001。

[2] 陈方，2001，56-57 页；白德懋，1999，30-32 页。

[3] Marcus and Sarkissian, 1986, p35, 143。

[图 12.9] 上海金桥新村中一街坊规划方案（1999），缪朴设计工作室，设计人：缪朴，刘欣宇。"可防卫建筑群"直接开口于街道，小型的街坊，频繁的步行道均可贯通住宅区，沿交通量小的城市街道（图右边）布置商店，其他公共设施设在商店背后面向集中绿地

[图 12.10] 上海金桥新村中一街坊规划方案（1999）

[图 12.11] 上海金桥新村中一街坊规划方案（1999），总平面

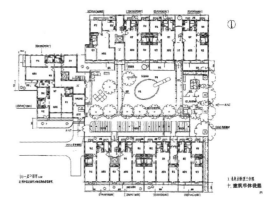

[图 12.12] 上海金桥新村中一街坊规划方案（1999），"可防卫建筑群"平面，门卫可同时观察两个出入口

免强调建筑群不假外求而在其中设许多公共设施，最多可能不应超过一个游戏场，一处供老人休息的小型室外场地及必须靠近住宅的自行车停车场。每个建筑群可自行选择聘用物业公司，也可由多个建筑群合聘一家管理单位以降低成本。但各个群体的保安必须独立。在金桥新村方案中，一个门卫可以同时监视两个入口。入口必须直接开向街道。由于

建筑群的规模较小，由建筑群组成的街坊也不会大。金桥新村方案中每个街坊沿道路边长为150m，含两个建筑群，因此在相邻人行道上每隔70m左右就会有一个建筑群入口或街道交叉口。

2. 取消私有街道

公众必须能进入所有街道及步行道。所有公共设施应设在街道旁（细节详见下文），使街道成为真正的公共领域，而不是封闭式小区内那些貌似公用的道路。我国城市公园传统上对使用者收费，所有经营成本较高的公共设施可依此例来达到收支平衡。如需要的话街道布置可取尽端式，环路等形式以强调比建筑群更大的领域感。但间距为100～150m的步行道必须能穿过所有组团。步行道网只要不使人迷路或绕长途弯路，不必一定取僵硬的方格网。

3. 作为公共中心的共享街道

街道不应按同一模式设计。大多数住宅旁的人行道主要功能为供居民散步。附近可设游戏场及小型休息设施，但除了一些便利店或早餐店外不应设许多商业设施。继承我国城市的历史传统，应将公共设施集中在少数几条商业街上，使其成为全区的公共活动中心。但目前将商店集中在小区边缘交通干道上的流行做法不利于路另一侧的居民使用这些设施。所以，选择作为公共中心的商业街应位于住宅区中心，并应是由步行者，自行车及车速不快的

车辆（如出租车及公共汽车）共享的非干道街道[1]。公共绿地，广场，社区中心，学校及其他文教设施应靠近该共享街道，比如说可以设在沿街商店的后面，通过临街建筑上的大洞进入。这样的布置使共享街道成为一个多功能环境，居民在一个地方就可以同时满足他们多方面的需要。至于干道两旁的人行道可设计成散步步道。

4. 取消小区

上述三点放在一起实际上意味着小区的消失。作为计划经济的产物，目前在规划及开发中常用的基本单位——小区（以及它的下属单元居住组团）——因其规模臃肿，结构死板，不再能适应今后的城市需要。住宅区应直接由建筑群组成。与当前的市场经济相呼应，以建筑群作为基本空间单元有利于形成不同尺寸的开发地块。这种灵活性不仅能产生多种规模的楼盘，以满足资本额不一的房地产商，打破大资本的垄断；同时它也会鼓励住宅形式及房主社会特点的多样化，并便于对特殊地形做更敏感的处理。当然，如需要的话几个建筑群可以松散相连以强调其共属一个楼盘，但公共步行道仍必须能穿越该组团。政府法规及银行贷款政策应限制超大规模，标准化的开发项目。总之，一个入住后的住宅区不应看上去像一幅显示各房地产公司领土的地图。人们应只看到各种小规模的建筑群由一个到处都走得通的道路网所连接，居民沿这个道路网

---

[1] Blakely and Snyder，1997，p167-8。

可以自由访问任何公共设施。这种住宅区——建筑群的组织方式更接近传统城市的空间结构，它增加居民在街道上的各种社交偶遇，给购物者更多的选择可能，并能更好地容纳未来的社会或人口变化（像小学服务半径的变化）。

八、结论：超越建筑的挑战

封闭式小区的问题不是单靠物质手段可以解决的。要使居民回到街道，市政府必须为街道提供专业警力巡逻，再加上改善了的居民自然监视，这一套综合措施会有效地防范犯罪。由整个城市来支持巡逻队伍，其成本对居民来说肯定会比每个小区各自维持自己的保安更经济。但要使这些成为现实，我们首先必须推动政治改革以增强地方政府回应普通市民需求的责任感，必须对公众开展教育以增进市民对社会合作重要性的认识。

在经历了单位大院，20 世纪 70 ～ 90 年代开放式居住小区，以及目前居民收入水准仍相对多样化的封闭小区以后，有些发展商最近开始弹冠相庆"先进"的第四代居住形态终于在我国城市中出现，这指不仅是封闭的，而且是专门为一个"特定阶层"及其"共同的利益关系和价值准则"设计的居住区[1]。这意味着我国城市空间将会被更为割裂及巴尔干化，不同居民群体之间的隔离将会更趋严重，以至有朝一日在群

体之间形成敌对心理。在冷战后时代的今天，我国城市是不是非得照搬美国的城市模式？是不是应当先分析一下其中的精华与像封闭式住宅区这样的糟粕？这是我们可以而且必须提出的问题。

后记：什么是巴尔干化？

巴尔干化（英语：Balkanization）是一个常带有贬义的地缘政治学术语，其定义为：一个国家或政区分裂成多个互相敌对的国家或政区的过程。

《新民晚报》2003 年 6 月 19 日报载，上海市宝山区的行知花园与华鹏小区原为一个整体规划小区，但后者必须通过前者进入主要城市街道。行知花园为维护其"封闭式小区"地位，将铁门关闭。为破门关门两区居民自 2000 年来在铁门处发生四次集体殴斗。有的行知居民认为，华鹏居民要开门的目的"是想让房子升值"。这种小区"巴尔干化"的例子，并非个别现象，它在城市中的蔓延，很值得大家深思。

参考文献

[1] 白德懋 . 关于小区规模和结构的探讨 [J]. 建筑学报，1999（06）：30-32.

[2] 北京青年报 . 小区设施能否对外开放 [N]. 北京青年报，2001 年 12 月 25 日 .

[3] Blakely, Edward J. and Snyder, Mary Gail.

---

[1] 天津日报，2000。

Fortress America: Gated Communities in the United States, Washington, D.C.:Brookings Institute Press, 1997, p22, 39-45, 84-98, 101, 122-5, 128-9, 138, 145-52, 167-8.

[4] Boddy, Trevor. *Underground and Overhead: Building the Analogous City*, in: Michael Sorkin (Ed) 'Variations on a Theme Park: The New American City and the End of Public Space' .New York: Hill and Wang, 1992, p139.

[5] Bracey, Dorothy H. *Policing the People's Republic*, in: Ronald J. Troyer et al. (Eds) 'Social Control in the People's Republic of China' . New York: Praeger, 1989, p130.

[6] Burke, Matthew. *The Pedestrian Behavior of Residents in Gated Communities*, 'Australia: Walking the 21th Century', http://www.transport.wa.gov.au/conferences/walking [2001], p144.

[7] Cao, Liqun and Dai, Yisheng. *Inequality and Crime in China*, in: Jianhong Liu et al. (Eds) 'Crime and Social Control in a Changing China' .Westport, CT: Greenwood Press, 2001, p78.

[8] 蔡方华 . 也该听听孩子的声音 [N]. 北京青年报, 2001 年 6 月 1 日 .

[9] 陈方 . 边缘社区中的新城市主义—万科四季花城设计随笔 [J]. 建筑学报, 2001 (01): 56-7.

[10] Davis, Mike. *City of Quartz: Excavating the Future in Los Angeles*. New York: Verso, 1990, p224-6.

[11] Davis, Mike. *Fortress Los Angeles: The Militarization of Urban Space*, in: Michael Sorkin (Ed) 'Variations on a Theme Park: The New American City and the End of Public Space' .New York: Hill and Wang, 1992, p155-6.

[12] Dillon, David. *Fortress America*, 'Planning', 60 (6)(1994), p9, 11-2.

[13] FBI. *Crime in the United States, 1998: Uniform Crime Reports*, http://www.fbi.gov/ucr/cius_98/98crime/98cius05.pdf [2003], p5.

[14] Feng, Shuliang. *Crime and Crime Control in a Changing China*, in: Jianhong Liu et al. (Eds) 'Crime and Social Control in a Changing China' . Westport, CT: Greenwood Press, 2001, p123-4.

[15] Gaubatz, Piper Rae. *Urban Transformation in Post-Mao China: Impacts of the Reform Era on China's Urban Form*, in: Deborah S. Davis, et al. (Eds) .Urban Space in Contemporary China.Cambridge, UK: Cambridge University Press, 1995, p29-31.

[16] 广州日报 . 广州 : 小区路变市政规划路, 市民呼唤知情权 [N]. 广州日报, 2002 年 1 月 28 日 .

[17] 郭九聪, 赵炳荣 . 追踪恶魔 [J]. 民主与法制, 1998 (09): 16-8.

[18] 韩景童.高层飞盗敲警钟[N].光明日报，2000
      年11月9日.

[19] 侯召迅.温州市创建封闭式"安全文明小区"
      见闻[N].法制日报，2001年9月5日.

[20] Jacobs, Allan. *Great Streets*. Cambridge,
      MA: MIT Press, 1993, p262, 285-6, 302.

[21] Jacobs, Jane. *The Death and Life of Great
      American Cities*. New York: Vintage Books,
      1961, p186.

[22] 贾晓燕，王小平.胡家园打造现代化新社区[N].
      北京日报，2001年12月15日.

[23] 建琦.小区封闭有商机[N].人民日报，1999
      年8月30日.

[24] 刘嘉峰.城市活力源自开放[OL].房产，
      http://house.cn.tom.com [2001—10—15].

[25] Ma, Guoan. *Population Migration and Crime
      in Beijing, China*, in: Jianhong Liu et
      al. (Eds) 'Crime and Social Control in a
      Changing China'. Westport, CT: Greenwood
      Press, 2001, p65.

[26] 毛磊.八岁幼童状告温泉别墅[J].民主与法制，
      1996（11）:26-29.

[27] Marcus, Clare Cooper and Sarkissian,
      Wendy. *Housing As If People Mattered: Site
      Design Guidelines for Medium-Density
      Family Housing*. Berkeley, CA: University of
      California Press, 1986, p35, 143.

[28] Miao, Pu. *Introduction*, in: Pu Miao (Ed)
      'Public Places in Asia Pacific Cities:

Current Issues and Strategies'. Dordrecht,
the Netherlands: Kluwer Academic
Publishers, 2001, p15-6.

[29] 那日苏.科技防范保平安[N].法制日报，2001
      年1月31日.

[30] 南京党建.无题报告[OL]. http://www.njdj.
      gov.cn/adx/mainarticle.jsp？ article_id=130
      [2002—2—22].

[31] National Bureau of Statistics of China.
      China Statistical Yearbook 2001. Beijing:
      China Statistics Press, 2001, p310, 344.

[32] Newman, Oscar. *Defensible Space: Crime
      Prevention through Urban Design*. New York:
      Collier Books, 1973, p78-101.

[33] 倪国强.设防的新村[N].新金山报，2000年7
      月29日.

[34] Pellow, Deborach. *No Place to Live, No
      Place to Love: Coping in Shanghai*, in: Greg
      Guldin and Aidan Southall (Eds), 'Urban
      Anthropology in China'. Leiden, the
      Netherlands: E.J. Brill, 1993, p419.

[35] Shanghai Municipal Statistics Bureau.
      Shanghai Statistical Yearbook 2001. Beijing:
      China Statistics Press, 2001, p25.

[36] 沈华.上海里弄民居[M].上海：上海建筑工业
      出版社，1993:19-20, 24.

[37] Sohu.com.北京市普通居住小区物业管理
      服务收费标准[OL]. 'Sohu.com', http://
      realestate.sohu.com/tutoiral/law/policy-bj02.

html [2002—2—20].

[38] Strand, David. *Conclusion: Historical Perspectives*, in: Deborah S. Davis, et al. (Eds) 'Urban Space in Contemporary China'. Cambridge, UK: Cambridge University Press, 1995, p394-426.

[39] 苏宁.让百姓有一个安全的家 [N].人民日报,2000 年 6 月 14 日.

[40] 天津日报.成熟社区带来幸福生活 [N].天津日报,2000 年 9 月 6 日.

[41] Troyer, Ronald J. and Rojek, Dean G. *Introduction*, in: Ronald J. Troyer et al. (Eds) 'Social Control in the People's Republic of China'. New York: Praeger, 1989, p4.

[42] US Census Bureau. *Population of World's Largest Cities*, in: Robert Famighetti (Ed) 'The World Almanac and Book of Facts 1995'. Mahwah, NJ: World Almanac, 206 1994, p84.

[43] US Department of Justice, Bureau of Justice Statistics. *Local Police Departments 1993*, http://www.ojp.usdoj.gov/bjs/pub/ascii/lpd93.txt [2003].

[44] 王磊.对现在城市建筑"现在性"的文化批判 [OL]. 'Building.com', http://www.building.com.cn/uicb2001/3-11. htm [2001—3—11].

[45] 王晓俐等.石化小区治安 [OL]. 'www.sdrfz.jsol.net', http://www.sdrfz.jsol.net/ssxz/shxq.html [2001—3—17].

[46] Weber, Max. *The Religion of China: Confucianism and Taoism*. New York: Free Press, 1951, p13-6.

[47] Whyte, William H. *The Social Life of Small Urban Spaces*. Washington, D.C.: The Conservation Foundation, 1980.

[48] 吴林梁.封闭小区 [N].新金山报,2000 年 7 月 29 日.

[49] 吴志实.治治小区的大环境 [J].民主与法制,1998 (08): 25.

[50] www.cmen.net.为了安全,有关单位要求居民小区应封闭 [OL]. 'www.cmen.net', http://www.cmen.net/docc/news-034. htm [2002—2—22].

[51] 习慧泽,马智行.都市弄堂渐渐远去,闹市区 10 条小马路在市政改造中消失 [N].新民晚报,1997 年 8 月 14 日.

[52] 肖雯慧.社区营造安全的家 [N].北京日报,2002 年 1 月 5 日.

[53] 袁希科,陈彬.刑警智勇斗凶魔 [J].民主与法制,1998 (02): 24-27.

[54] Zelinka, Al and Brennan, *Dean. Safescape*, Chicago: Planners Press, 2001.

[55] Zhang, Li. *Contesting Crime, Order, and Migrant Spaces in Beijing*, in: Nancy N. Chen et al. (Eds) 'China Urban: Ethnographies of Contemporary Culture'. Durham, NC: Duke University Press, 2001, p201-22.

[56]　张知干.广东社会治安综合治理取得显著成
　　　　效 [OL]. 'NetEase', http://www.news.163.com/
　　　　editor/011122/011122_309599.html [2001—
　　　　11—22]。

[57]　钟志伟.中治委等部门赴 10 省（区、市）检

查社会治安情况 [N].人民日报，1998 年 7 月
10 日.

[58]　周劲草.这里的社区更安宁 [N].新民晚报，
　　　　2000 年 5 月 29 日.

作者简介

李磷

李磷，在美国纽约普拉特学院和哥伦比亚大学接受教育，分别获建筑学学士及都市设计硕士，1995年毕业后在香港巴马丹拿集团（P&T）工作，1999年加入美国建筑师学会，现在香港城市大学中国文化中心任教，研究兴趣包括中国古建筑、园林、当代都市发展及文化遗产管理，已出版《文化遗产与集体记忆》。

薛求理

薛求理博士在中国和美国从事建筑实践三十余年，先后在上海交通大学、美国德克萨斯州立大学和香港城市大学任教。薛氏著有 10 本专著和百余篇论文，包括《中国建筑实践》（Building Practice in China）、《建造革命——1980 年来的中国建筑》（Building a Revolution: Chinese Architecture Since 1980）、《全球化冲击：海外建筑设计在中国》、《世界建筑在中国》（World Architecture in China）、《营山造海：香港建筑 1945–2015》等中英文论著。其写作在海内外被广泛引用。薛氏的研究兴趣为亚洲及大中华当代建筑和实践、高密度环境的设计对策。

肖映博

肖映博，1987 年出生，籍贯山西，清华大学建筑学硕士，香港城市大学建筑与土木工程学系在读博士生，师从薛求理导师。研究兴趣为中国当代建筑设计市场与中国建筑设计机构改革历程。

臧鹏

臧鹏，香港城市大学在读博士生，香港科技大学理学硕士。博士期间参加 2013 "中国营造" 全国环境艺术设计大展，荣获优秀奖；发表 Public Buildings in Hong Kong: –A short account of evolution since the 1960s, Habitat International, Ref. No.: HABITATINT-D-12-00158R1（第三作者），《校园建筑的品牌意义——对香港两座教学建筑的解读与调研》，新建筑杂志，2015年第 3期，pp.85–89（第三作者）以及若干书评。目前博士研究方向为香港社区适老环境。

刘新

刘新，香港城市大学建筑学博士，浙江大学建筑学硕士，天津大学建筑学学士。主要研究方向为改革开放后中国住宅的设计质量与设计品质的提升，相关论文已发表在 Habitat International 等国际学术期刊上。

丁光辉

丁光辉，北京建筑大学建筑与城市规划学院讲师，英国诺丁汉大学建筑学博士，香港城市大学博士后研究员。主要研究方向为当代中国的建筑实践（设计，写作，出版等活动），研究论文发表在 ARQ: Architectural Research Quarterly, Journal of the Society of Architectural Historians, Habitat International 等国际学术期刊上。已出版专著 Constructing a Place of Critical Architecture in China: Intermediate Criticality in the Journal

Time + Architecture(2015年英国 ASHGATE 出版社)。正在进行的研究课题：空间的角度阐释岭南的建筑实验与改革开放。

贾敏

贾敏，英国诺丁汉大学建筑学博士、硕士，主要研究方向为公共服务建筑的人性化、精细化设计及实践。曾参与编制全国公共服务设施发展"十三五"规划及《2015中国老龄宜居环境发展蓝皮书》等国家级课题，研究成果发表在 International Journal of Housing Markets and Analysis等英文学术期刊上，现为清华大学建筑学院博士后研究员。

肖靖

肖靖，香港城市大学建筑历史理论博士后研究员，博士毕业于英国诺丁汉大学建筑学院，现为深圳大学建筑与城市规划学院助理教授，研究方向为建筑图像及其媒介的生产与传播。他曾于 2010 年赴加拿大麦吉尔大学建筑历史理论中心做博士生访问学者，2014 年夏于哈佛大学 Villa I Tatti 佛罗伦萨文艺复兴研究中心研习，近年来在包括 Studies in the History of Gardens & Designed Landscapes、Habitat International、IDEA Journal 等多家国际建筑期刊发表署名文章。

郑静

郑静，天津大学建筑学学士，加拿大麦基尔大学建筑学硕士、香港中文大学建筑学博士，曾任美国加州大学伯克利分校富布莱特访问学者。现任教于武汉大学建筑系。其研究兴趣是从社会组织的角度思考建筑的转变，如城乡关系、地域建筑及乡土营建等。

陈家骏

陈家骏，香港城市大学建筑学博士研究生，英国皇家特许建造学会及特许环境学会会员。曾于香港理工大学和香港大学担任研究和教学工作，亦为香港特区政府发展局建筑物条例上诉审裁小组（ 2015-2018 ）和职业训练局房地产训练委员会（ 2013-2015 ）成员。研究兴趣为都市校园建筑、宗教建筑、设施管理等。

叶国强

叶国强（ Kevin Yap ），美国建筑学硕士及香港城市规划理学硕士，曾获美国建筑师学会颁发学术勋章及优异状。作为一名拥有从事建筑设计及施工三十多年经验的建筑兼规划师，长期在香港和加拿大工作，并在香港城市大学任讲师二十多年，是首批在大学开创市研究作为通识教育的老师，发表英文著作二十多篇，中文文章三十多篇，研究兴趣包括可持续发展、城市设计、绿色建筑与环境、文物保育及建筑历史等。

缪朴

缪朴（ www.pumiao.net ）是一个建筑师，建筑及城市设计理论学者，及美国夏威夷大学建筑学院教授，专攻现代建筑在中国的本土化。缪朴博士的建筑设计作品在国内外被发表及展出。他编著有《亚太城市的公共空间——当前的问题与对策》一书及分析我国城市公共空间问题的论文。